乡村振兴人才培养系列教材
图说现代农业高质量发展关键技术丛书

图说蓝莓生产关键技术

于强波　刘淑芳　孟凡丽　编著

中国农业大学出版社
·北京·

内 容 简 介

本书主要介绍蓝莓栽培基础知识，蓝莓品种选择及优良品种，蓝莓整形修剪，蓝莓优良苗木繁育技术，标准化蓝莓园的建立，露地蓝莓栽培管理技术，温室蓝莓栽培管理技术，蓝莓果实采收、分级和储存，蓝莓病虫鸟害防治技术等。本书以安全、优质、高效生产为出发点，周年管理技术按照蓝莓物候期的进程进行编写，结合生产实际，突出技术的先进性和实用性，并配备大量列表、图片，内容具体，文字通俗易懂。

图书在版编目(CIP)数据

图说蓝莓生产关键技术/于强波，刘淑芳，孟凡丽编著．--北京：中国农业大学出版社，2022.5

ISBN 978-7-5655-2772-2

Ⅰ.①图…　Ⅱ.①于…　②刘…　③孟…　Ⅲ.①浆果类果树－果树园艺－图解　Ⅳ.①S663.2-64

中国版本图书馆 CIP 数据核字(2022)第 079315 号

书　　名　图说蓝莓生产关键技术

作　　者　于强波　刘淑芳　孟凡丽　编著

策划编辑　林孝栋　康昊婷　　**责任编辑**　康昊婷

封面设计　郑　川

出版发行　中国农业大学出版社

社　　址　北京市海淀区圆明园西路 2 号　　**邮政编码**　100193

电　　话　发行部 010-62733489，1190　　读者服务部 010-62732336

编辑部 010-62732617，2618　　出　版　部 010-62733440

网　　址　http://www.caupress.cn　　**E-mail** cbsszs@cau.edu.cn

经　　销　新华书店

印　　刷　涿州市星河印刷有限公司

版　　次　2022 年 12 月第 1 版　　2022 年 12 月第 1 次印刷

规　　格　148 mm×210 mm　　32 开本　　5.5 印张　　200 千字

定　　价　39.80 元

辽宁农业职业技术学院园艺技术专业群
果树科普著作编委会成员

前 言

蓝莓属于杜鹃花科越橘属植物，为落叶或常绿灌木，被联合国粮食及农业组织推荐为五大健康水果之一。蓝莓的育种驯化、商业化栽培都起源于北美洲。近几十年来，我国科研人员通过对本土资源的研究及进行蓝莓引种等科学试验，为蓝莓的产业化栽培积累了大量的宝贵经验。抓住发展蓝莓产业的大好形势，发挥优势，抢占市场，以蓝莓为代表的小浆果种植由发达国家向发展中国家转移已是必然趋势。

本书在编写内容上力求从果农的实际需要出发，以安全、优质、高效生产技术为核心，将理论知识融于技术操作中，介绍了与蓝莓生产相关的蓝莓栽培基础知识，蓝莓品种选择及优良品种，蓝莓的整形修剪，蓝莓优良苗木繁育技术，标准化蓝莓园的建立，蓝莓露地栽培管理技术，蓝莓温室栽培管理技术，蓝莓果实采收分级和储存，蓝莓病虫鸟害防治技术等。以物候期为序对蓝莓生产周年管理技术、设施栽培技术进行了全面而详尽的叙述。在编写过程中，参阅了大量不同版本的国内外蓝莓相关专著，参考了吉林农业大学小浆果研究所、辽宁省果树研究所、江苏省中国科学院植物研究所等单位的相关技术成果，结合多年教学、科研中的理论与实践经验，对蓝莓设施优质丰产栽培技术进行了简要介绍，力求可以抛砖引玉。

需要特别说明的是，本书所用药物及其使用剂量仅供读者参考，不可照搬。在实际生产中，所用药物学名、常用名和实际商品名称有差异，药物浓度也有所不同，建议读者在使用每一种药物之前，参阅厂家提供的产品说明书，科学使用药物。

本书编写人员均为长期工作在科研生产第一线的工作人员，理论功底扎实，实践经验丰富。书稿经过多次修改、统稿，最后润色而成。

在本书的编写过程中查阅了大量的著作和文献，在此向提供参考文献的众多研究者表示由衷的感谢。由于时间仓促，加之编写者的学识、水平所限，书中难免有谬误之处，恳请广大专家和读者见谅并批评指正，在此深表感谢！

编 者

2022年1月

目录

第一章 蓝莓栽培基础知识

第二章 蓝莓品种选择及优良品种

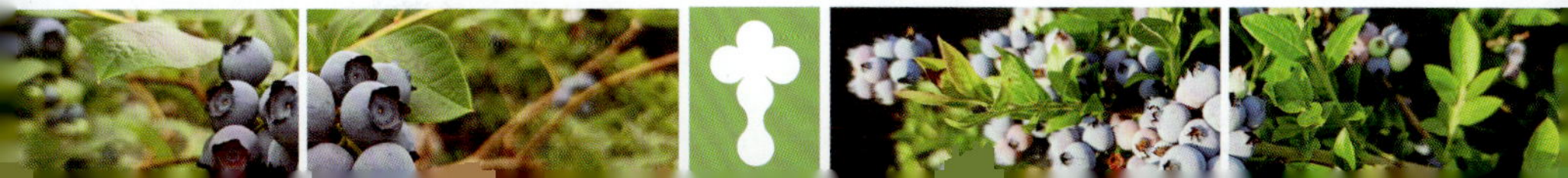

第三章　蓝莓整形修剪

第四章　蓝莓优良苗木繁育技术

第五章　标准化蓝莓园的建立

第一章
Chapter 1

蓝莓栽培基础知识

一、蓝莓是什么？

蓝莓属于杜鹃花科越橘属植物，为落叶或常绿灌木。越橘属植物全世界约有400种，广泛分布于北半球，以北美洲资源最为丰富，占世界总数的一半。我国约有91种，24变种，2亚种，主要分布于东北和西南地区，多为野生，具有较高经济价值的有20多种。蓝莓果实呈蓝色、并披一层白色果粉，果肉细腻，果味酸甜，风味独特，营养丰富。富含熊果苷、花青苷以及丰富的抗氧化成分，含有大量对人体健康有益的物质。因此被联合国粮食及农业组织推荐为五大健康水果之一，同时被认为是21世纪最有发展前途的新兴高档果树树种。

二、蓝莓果实中含有哪些营养成分？

蓝莓果实味道鲜美，含有大量对人体健康有益的物质。除了含有常规的糖、酸外，还含有丰富的抗氧化成分，如维生素C、维生素E、维生素A和胡萝卜素等(表1-1)。据1986年美国Tufts大学农业中心在互联网上发布的研究报告表明:在40多种水果和蔬菜中蓝莓中含有的抗氧化活性最高，而且其不含脂肪和胆固醇，钠的含量也很低。蓝莓果实中含有大量的天然色素，可以用于提取天然食用色素，国外已经广泛用作饮料染色剂和食用着色剂。蓝莓总糖含量占鲜重的10%以上，葡萄糖和果糖占总糖含量的97.9%~99.5%。总酸含量相对较高，范围在1%~2%，蓝莓果实主要的有机酸是柠檬酸。蓝莓果实还含有较大量的鞣花酸，鞣花酸被认为具有降低癌症风险的作用。每100 g鲜蓝莓果实维生素C含量约为22.1 mg，与其他水果和蔬菜相比处于中等较低的水平。蓝莓果实中氨基酸含量中等较低，与其他水果不同的是精氨酸为其主要的氨基酸。蓝莓鲜果中含有花青苷色素，含量高且种类丰富。花青苷色素主要位于蓝莓果实的紫色果皮部位，果皮的颜色由5种花青苷形成的15种花色素的含量及比例决定。

表 1-1　蓝莓果实营养成分（胡雅馨等，2006）

成分	含量
大量营养（每百克鲜果含量）	
蛋白质	400~700 mg
脂肪	500~600 mg
碳水化合物	12.3~15.3 mg
微量营养（每百克鲜果含量）	
维生素 A	24.3~30 μg
维生素 E	2.7~9.5 μg
功能因子（每百克鲜果含量）	
超氧化物歧化酶	5.39 IU
花青苷色素	0.07~0.15 g
微量元素（每克鲜果含量）	
钙	220~920 μg
磷	98~274 μg
镁	114~249 μg
锌	2.1~4.3 μg
铁	7.6~30 μg
锗	0.8~1.2 μg
铜	2.0~3.2 μg

三、蓝莓的营养价值有哪些？

蓝莓果实中因功能因子含量丰富，具有很强的保健功能，主要体现在改善视力，具有较强的抗氧化和清除自由基的能力，预防或抵御包括癌症在内的疾病，可调节代谢和改善记忆力。

1. 改善视力，缓解眼睛疲劳

蓝莓中的花青素可以促进视网膜细胞中视紫质的再生成，可预防重度近视、视网膜脱落，同时对眼干、眼涩、见风流泪以及老年性花眼具有非常明显的改善作用。孟宪军等发现蓝莓花青素对大鼠视网膜光损伤有明显的保护作用，其机制可能与抗脂质过氧化作用有关。Sunkireddy 等认为黄酮类化合物可以清除由紫外线照射和外界污染所造成的眼睛中白内障晶状体。据报道，人在一天中摄取 120~250 m 花青苷（相当于 40~80 g 蓝莓鲜果）视野会明显变宽，适应黑暗环境的时间显著缩短。

在我国，随着现在人们工作和生活压力的不断增大，因眼睛疲劳而产生的疾病越来越多，近视现象十分普遍，近视的发生人群也越来越趋于低龄化，利用蓝莓中富含花青素等黄酮类化合物，以蓝莓为原料开发人眼保健品，对预防近视和降低近视的发生率有积极作用。

2. 抗氧化作用

蓝莓中富含黄酮、酚酸等大量生理活性物质，能有效地保护细胞受过氧化物破坏。研究北美沙果、接骨木、黑穗醋栗、黑莓和蓝莓的抗氧化能力，其结果表明蓝莓的羟基抗氧化能力最强。若自由基在脑神经细胞内大量累积会引起脑神经元结构受损，导致脑功能衰退，蓝莓花青素与自由基结合，可以有效清除体内过多有害自由基并激活细胞内抗氧化防御系统，达到维持自由基动态平衡、改善体内微循环的作用。蓝莓花青素与维生素 C 和维生素 E 具有协同作用，可增强其在体内的抗氧化效果。

3. 延缓脑神经衰老，增强记忆

有研究发现，蓝莓对与衰老有关的瞬间失忆症有明显的改善和预防作用，并能够增强记忆力。通过对有记忆障碍的小鼠进行研究发现，蓝莓提取物 BEP（是从蓝莓果实中提取的以越橘原花青素为主的混合物）具有改善小鼠学习记忆能力的作用，这可能与蓝莓中原花青素具有提高小鼠脑内抗氧化能力以及提高小鼠脑内胆碱能神经元的功能有关。

4. 清除自由基，预防癌症

科学家发现，自由基特别是活性氧与 100 多种疾病有关，人的寿命长短直接取决于人体抗氧化抗自由基能力的强弱。蓝莓果渣提取物黄酮（FFV）可有效降低大鼠肝肾中自发性和 Fe^{2+}—维生素 C、H_2O_2 诱导的 MDA 生成，抑制 H_2O_2 诱导产生的红细胞溶血和肝脂质过氧化作用，以及阻止 Fe 诱导卵黄蛋白低密度脂蛋白的氧化作用，显著降低小鼠肝、肾、脑 MDA 的含量，提高肝和血浆中 SOD 和 CAT 酶的活性，这表明蓝莓果渣所含的黄酮类成分具有较高的抗氧化活性。也有实验证明，花青素是迄今为止发现的最强效的自由基清除剂，花青素的抗氧化效果是维生素 C 的 20 倍，维生素 E 的 50 倍。蓝莓中含有的花青素是所有的水果与蔬菜之中含量最高的，而蓝莓花青素最丰富的部分就是在它特有的紫色果皮部位。

1999 年，在日本的抗癌食品名单上蓝莓名列前茅，原因是蓝莓果实含有丰富的多酚类物质，这些物质可使癌细胞急速增殖的酶活性受到抑制。在蓝莓的果实中含有较多的绿原酸，野生种中黄色槲皮苦素和杨梅酮的黄酮醇配糖体，这几类物质都有抗癌和抗肿瘤的作用。蓝莓的叶酸能预防子宫癌，并对孕期胎儿的发育大有益处。蓝莓中没食子酸对体外肝癌细胞具有显著抑制力，能延长荷艾氏腹水癌小鼠的生命，对加入亚硝酸钠所致的小鼠肺腺癌有强烈的抑制作用。此外蓝莓果肉中含有的少量石细胞，可预防大肠癌。

5. 降低胆固醇，预防心脑血管疾病

蓝莓所含花青素、维生素 C、维生素 E、果胶等抗氧化和抗发炎的成分，能有效降低胆固醇，防止动脉粥样硬化，促进心血管健康，预防心血管疾病。其中，花青素在人体内具有强大的生物活性，可以给出一个电子和自由基结合，有效清除自由基，且自身不形成引发连锁反应的有害物质；花青素与胶原蛋白有较强的亲和力，能形成一层抗氧化保护膜，保护细胞和组织不被自由基氧化；花青素还可以帮助维生素 C、维生素 E 的吸收和利用，增强抗氧化能力，保护血管，增强血管抵抗力，减轻毛细血管的脆性，保持血管通透性，增强毛细血管、静脉、动脉的机能，增进循环系统，降低心血管疾病发病率。蓝莓中含有丰富的钾，它可以调节体内的液体平衡，维持神经肌肉的应激性和正常血压及心脏功能。

6. 其他保健功能

早在 900 年前，人们便将蓝莓用于治疗腹泻、痢疾，以及因缺乏维生素 C 导致的坏血病等。在瑞典，用蓝莓治疗儿童腹泻已经是成功经验。蓝莓的叶子和果实也被人用来止血和消炎，以及治疗口腔黏膜炎症等。蓝莓中的花青素能防止细菌附着在尿道的细胞壁上，具有抗尿路感染的作用。如美国妇女常用蓝莓汁来调制鸡尾酒，经常饮用可以缓解泌尿系统感染、心脏疾病和延缓衰老。蓝莓中含有丰富的维生素，可促进创伤和骨折愈合，增加机体的抵抗力，促进造血，参与解毒等。蓝莓中含有黄酮类化合物，如金丝桃甙、异槲皮甙、槲皮甙等对人体有镇咳、去痰、降压、抗菌等作用。日本宫崎大学的研究人员在蓝莓的叶子中发现一种名为原花青素的物质可以阻止丙肝病毒的复制，从而达到延缓或阻止疾病发作的目的。此外，瑞典卡罗林斯卡医学院对 10 名糖尿病患者和

10 名健康人员进行试验，让他们分别饮用不含任何添加剂的蓝莓果汁，结果发现他们的血糖值都没有明显增加，侧面说明蓝莓是适合糖尿病患者食用的健康食品。

四、蓝莓栽培利用历史如何？

蓝莓驯化研究始于美国，1906 年，F. V. Coville 首先开始了野生选种工作，1937 年将选出的 15 个品种进行商业性栽培。20 世纪 30 年代，美国蓝莓开始进入商业性大面积栽培阶段，并选育出上百个优良品种。据统计目前世界蓝莓产量的 90% 集中在北美洲，北美洲蓝莓研究水平在世界处于领先地位。美国蓝莓分五大栽培区域：东北 / 大西洋地区、中西部地区、西北部地区、南部地区和东南部地区。

欧洲有丰富的野生蓝莓资源，1923 年在荷兰建立了第一个高丛蓝莓种植园，荷兰的蓝莓生产发展很快，集中在南方各省。德国主产区集中在北部。法国主要集中在西南部。意大利、奥地利也有蓝莓的商业性栽培。北欧的芬兰和瑞典是野生种 Bilberry 的主产地，其色素含量高，是提取天然色素的重要原料。

澳大利亚和新西兰两国主要栽培高丛蓝莓和兔眼蓝莓。两国利用南北半球的气候季节差异，发展蓝莓出口到北半球，供应冬季市场。两国蓝莓产量发展很快，已经选育出了一些适合当地气候条件的优良品种。

日本是亚洲栽培蓝莓较多的国家，大约经历了 20 年的时间，蓝莓作为一种新型水果才被消费者接受。日本自 1951 年引进蓝莓后，至今已有 70 余年，前 30 年发展很慢，到 1980 年时共有栽培面积 10 hm^2。1980 年当蓝莓的保健功能被确认后，加快了发展步伐，尤其在过去的 10 年中发展更为迅速，到 2011 年共有栽培面积 1 000 hm^2，产量达 3 000 t。主要产区为长野、岩手、群马、枥木等地。日本消费者主要偏爱果大、味甜、口感上乘的品种，而且由于蓝莓的叶片秋季变红，有较高的观赏价值。目前有一些具有一定规模的蓝莓种植园，同时具有观光农业园和生产园的性质。

五、我国蓝莓栽培的情况怎样？

中国有着丰富的蓝莓资源，主要分布于西南、华南、东北等地。其中笃斯越桔和红豆越桔的栽培面积最大，产量最多，集中分布在大小兴安岭、长白山地区。

据估计，大兴安岭产量可占全国的90%，丰产年可达数十吨，甚至可突破百万吨，但是对其研究开发工作进行不多。20世纪50年代，大兴安岭地区的牙克石酒厂曾以当地主产的红豆越桔和笃斯越桔为原料酿造蓝莓酒，长白山区的漫江酒厂也曾酿造过蓝莓酒。20世纪80年代，吉林省安图县山珍酒厂酿造的蓝莓酒，曾获轻工业部银奖。在此期间，吉林省长白县、浑江市、汪清县，内蒙古的根河市，黑龙江省的黑河市，加工利用野生蓝莓资源，一度形成热潮。但均由于产量不稳定，并受其他因素干扰，未能形成稳定的商品生产。近年来，由于蓝莓在世界范围内兴起，我国各进出口公司纷纷到大兴安岭收购蓝莓，制成速冻果销往海外，年收购量达到几千吨。

吉林农业大学等单位于20世纪70年代末期至80年代初期，开始对蓝莓品种选育、快速繁殖、栽培技术以及野生资源的保护利用等进行系统研究。1990年从美国、加拿大、德国、芬兰等国引进栽培品种21种，包括矮丛蓝莓、半高丛蓝莓、高丛蓝莓和红豆越桔4大类。到1997年，引入的品种已达70余种。1989年，解决了蓝莓组织培养工厂化育苗技术。扩繁后，在长白山的安图、松江河、浑江、蛟河等不同生态区建立了5个蓝莓引种栽培基地。1995年，初步选出适宜长白山区栽培的蓝莓优良品种4个，并开始生产推广。这些实践和研究是我国蓝莓产业发展的宝贵财富。1999年，吉林农业大学与日本环球贸易公司合作，率先在我国开展了蓝莓产业化生产栽培工作。2000年开始，相继在辽宁、山东、黑龙江、北京、江苏、浙江、四川等地引种试栽。2004年在吉林、辽宁和山东省栽培面积达300 hm^2，总产量300 t，产品的80%出口日本，露地鲜果价格为8~10美元/kg，设施栽培蓝莓鲜果价格为15~20美元/kg。到2014年，国内种植已经遍布全国各个省市，总面积已超过20 000 hm^2，产量近30 000 t。

六、我国设施蓝莓生产情况怎样？

利用日光温室和冷棚设施进行反季节栽培生产，鲜果提早上市已成为我国蓝莓生产的一大特点，并展现出巨大的市场潜力。如果结合采取早中晚熟品种合理搭配，温室栽培果实采收期可以提前到3月底至5月中旬，冷棚生产果实采收期为5月中旬至6月下旬，而露地生产为6月底至8月底。3种栽培模式配合，可以实现全年连续6个月的鲜果供应期。另外，与露地生产相比，设施生产中蓝莓生长期延长，花芽分化好，产量可提高30%，鲜果商品果率可提高30%以上。辽宁省由于秋季进入低温的时间较早，可以较早满足蓝莓的冷温需要量，因此，可以提早升温，果实提早成熟，获得更高的市场效益，近几年日光温室栽培面积增加迅速。而吉林省由于冬季温度过低，加温效果差且成本高等劣势，日光温室生产一直没有增加。目前我国蓝莓设施栽培主要发展的省(市)为山东、辽宁、吉林、天津、江苏，截至 2017 年设施栽培面积达到 2 325 hm^2，产量为 17 040 t(表 1-2)。

冷棚栽培面积由 2001 年的 1 hm^2 发展到 2017 年的 1 315 hm^2，产量 8 520 t。其中，面积和产量仍然以山东位列第一位，占全国的 75% 和 82%。在辽东半岛和胶东半岛，利用冷棚进行蓝莓生产，对比露地生产不仅可以使果实成熟期提早 15~20 d，还可以作为蓝莓的一种越冬防寒措施。蓝莓树进入盛果期后树高可以达到 2 m 左右，如果继续采用埋土防寒方法，在埋土过程中非常容易折断粗壮的主枝，同时覆盖防寒土和春季撤除防寒土工作量较大，采用冷棚扣膜后覆盖遮阳网的方法可以避免埋土防寒的缺点，近几年冷棚栽培面积发展迅速。

表 1-2　2017 年中国蓝莓设施栽培面积与产量(李亚东等，2018)

省(市)	栽培面积 /hm^2		产量 /t	
	温室	冷棚	温室	冷棚
山东省	300	1 000	2 000	7 000
辽宁省	400	300	3 000	1 500
吉林省	10	15	20	20
天津市	200		2 000	
江苏省	100		1 500	

七、我国蓝莓生产中存在哪些问题与解决措施?

1. 自然灾害

(1)越冬抽条　越冬抽条是东北地区蓝莓栽培中最主要的问题，如果不采用越冬保护措施，从辽宁省大连到黑龙江省伊春的范围内，矮丛蓝莓、高丛蓝莓和半高丛蓝莓露地越冬后都会出现严重抽条，表现为地上部无论是多年生枝条还是一年生枝条全部抽条干枯。与蓝莓的原产地北美地区的海洋性气候相比，我国东北地区属于典型的大陆性干旱气候特征，冬季低温、干旱少雪、空气湿度小，极易引起蓝莓生理干旱造成抽条。2010—2011 年冬，由于少雨干旱、空气湿度极低，山东产区也发生了严重的越冬抽条，造成严重减产。目前，采用埋土防寒是最为理想的方式，在辽南地区温室和冷棚栽培既可以防止越冬抽条又可以提早成熟。其他方式如在雪大的地区堆雪防寒、在辽南地区采用塑料袋和稻草帘绑缚树体防寒都有应用。

(2) 降雨过量 中国蓝莓的主产区如辽宁省的丹东和长江流域蓝莓生产中的一个主要问题是果实成熟期降雨过量。丹东地区的年降雨量为 900~1 200 mm，而且果实成熟期的 7 月中旬到 8 月中旬正好是汛期，降雨量占全年降雨量的 30% 以上。降雨量过大造成果粉受损、果实外观不好、糖度降低、裂果、贮藏性能降低和果实采收困难等一系列问题。果实的风味和品质也大大降低。据测试，"蓝丰"品种的含糖量在丹东地区仅为 8%，而在烟台地区可达 13%。2015 年，在上海和浙江产区，由于降雨量过大和持续时期过长，造成 30%~50% 的产量损失，特别是上海和浙江一带，黏重土壤的蓝莓种植园由于排水困难，长期积水导致大量蓝莓树死亡。

北方利用设施生产、南方采用避雨栽培模式是最佳的解决方案，另外一个途径是利用早熟和晚熟品种避开雨季果实成熟。例如，丹东地区晚熟蓝莓品种"埃利奥特""晚蓝""利伯蒂"和"奥罗拉"等，果实成熟期在 8 月上旬到 9 月中旬，正好避开雨季，实现晚熟鲜果供应市场，值得推广。

(3) 花期低温和高温伤害 花期低温伤害只是偶尔发生，2007 年春季在长春曾发生过一次花期低温伤害。吉林农业大学实验园由于花期低温和温度骤变造成坐果率降低，果实发育受阻形成僵果。对 36 个品种调查显示，受害果率为 8.2%~100%。其中 19 个高丛蓝莓品种、9 个半高丛蓝莓品种和 8 个矮丛蓝莓品种的三级受害（70%~100% 果实受害）果率分别为 65%、78% 和 60%。

在胶东半岛的青岛至连云港一带的蓝莓产区，花期干热风对蓝莓坐果的影响较大。2014 年 4 月末，突然间持续 3 d 的高温（28~30 ℃）导致这一产区正值盛花期的品种如"北陆"和"布里吉塔"发生严重的坐果不良或坐果后果实发育不良的现象，僵果或不能正常成熟的果实比例高达 30% 以上，有的蓝莓园甚至绝产。2015 年也有不同程度的发生。

除了在园地选择时尽量避免不利气候条件外，采用喷灌方式是解决花期温度伤害的有效措施。根据天气预报的情况，当低温或高温出现时，采用喷灌喷雾调节果园温度，增加湿度可以有效地提高坐果率。另外，果园薰烟也可以有效地避免花期低温伤害。

2. 有机质供应不足

土壤有机质含量不足和改良土壤的有机物料缺乏是制约蓝莓生产的一个主要问题。蓝莓栽培要求土壤有机质含量至少在 5% 以上，适宜的有机质含量为

12%~18%。目前我国蓝莓的产区中，除了长白山和大小兴安岭地区的森林土壤和草炭土壤类型外，其他地区都面临土壤有机质含量不足的问题，大部分地区土壤有机质含量在 1% 以下。利用草炭土增加土壤有机质含量是目前蓝莓生产中土壤改良的最佳方式，但我国草炭土资源主要在东北的长白山和大小兴安岭地区，长距离运输大大增加了建园成本。据估测，在山东产区，利用草炭土改良土壤的投入占整个建园成本的近 1/4。锯末和松树皮等可以替代草炭土，由于我国森林保护木材产量下降，再加上锯末等用于木材二次加工和蘑菇生产等原因，使得这一资源供应量严重不足，价格高居不下。为了解决这一问题，吉林农业大学试验研究利用各种作物秸秆作为改良土壤的有机物料，证明玉米秸秆是参试材料中最有效的替代草炭土的有机物料。其他作物秸秆也可以使用，但使用过程中需要注意两个问题：一是秸秆要粉碎，二是要加入相当于秸秆重量的 2% 的尿素补充氮源。

3. 栽培中存在的问题

2008 年以前，由于蓝莓种植面积较小，种植企业对蓝莓管理技术把握的比较到位，相对来讲，种植技术上存在的问题比较少。而 2008 年以后，蓝莓种植面积快速发展，对蓝莓种植技术把握不到位或者违背科学规律种植，导致种植失败的案例较为普遍，主要有以下几个方面的原因。

(1) 品种问题 主要表现在 3 个方面：一是没有按照区域化的原则选择适宜本地区种植的品种，如南方产区的四川、广西等地种植北高丛品种、半高丛品种甚至矮丛品种。二是盲目追求新品种或迷信“专利品种”。自 2008 年以来，陆续推出了 30 余个蓝莓新品种，但是在生产实践中证明新品种不见得就是好品种，以北方产区为例，经过 15 年的实践，特别是市场的验证，2000 年确定的“都克”“蓝丰”和“北陆”依然是目前种植者选择的主导品种，目前仍然没有能够完全替代它们的优良品种。三是同种异名的现象比较严重，特别是给早已命名的品种重新起名或者编号，给生产者带来了品种选择的迷惑。品种的选择要根据区域化和主导品种的原则来确定。

(2) 苗木质量 由于营养钵不够规格造成的老化苗木和断根苗、育苗基质问题导致的半根苗木对生产造成的危害是最近 5 年来蓝莓种植失败的最主要原因之一。生产种植选择符合规格的 2 年生苗最佳，如果选择 3 年生苗，营养钵口径必须北方产区达到 16 cm 以上，南方产区达到 20 cm 以上。如果苗木质量不好，种植以后新根发根缓慢，甚至不发新根，成为不死也不长的“僵苗”。在苗木选择上，应该选择根系发达完整，须根和吸收根多的苗木，另外，尽可能避免为了追求种植效果和早期丰产而采用的“大树移栽”。

(3) 土壤改良　对蓝莓植株生长、发育来讲，土壤疏松、透气和排水良好是重要的因素。在南方产区如四川、长江流域的黏重土壤种植蓝莓，有机质投入不足或土壤改良方式不到位导致种植失败的比例较高。其原因一是全园改良有机质等投入不足，土壤依然黏重；二是起垄栽培后在垄上采用"穴改"方式，定植 1~2 年内改良穴中能够满足根系发育的要求，但到了第 3 年当根系达到改良土壤的最外围位置时，由于排水不良产生的"泥盆效应"会导致树体沤根和烂根，生长发育不良甚至死亡。加大土壤改良力度，采用全园改良方案是解决这一问题的唯一途径。

由于以上 3 个主要问题导致近年来蓝莓种植总面积的 40% 种植遭遇失败，30% 属于低产园，约 30% 属于中等水平，能够达到标准的蓝莓园不足 10%。

八、我国蓝莓生产的发展趋势怎样？

在世界范围内，由于蓝莓小浆果的经济效益较高，种植面积迅速增加，蓝莓生产向着高度企业化、规模化和产、供、销一体化方向发展。北美地区年增加速度为 30%，南美地区为 50%，东欧国家为 30%。

中国蓝莓的国际和国内市场存在着巨大的发展潜力。目前，许多跨国公司已经与我国合作，将在我国蓝莓生产的企业化、规模化和一体化方面发挥一定作用。如日本环球贸易公司与吉林农业大学合作，开展了大果鲜食蓝莓的产业化生产。德国的拜尔纳瓦德公司已经在中国投资建厂，进行小浆果的生产和加工。

在蓝莓国际化贸易的大背景下，我们仍然面临着严峻的挑战，蓝莓大面积产业化生产和完善的产品市场建设要求迫切，同时也在优良品种选育、绿色无公害优质丰产栽培技术、果实采收和加工技术等方面向我们提出了新的更高要求。今后一定时期内我国发展蓝莓生产应注意以下问题。

1. 加强优良品种的选育，尤其是自主知识产权品种的选育工作

目前，我国蓝莓生产中应用的品种几乎全部是国外引进的品种。20 世纪 90 年代以来，美国培育的蓝莓品种 80% 以上申请了专利。随着中国签署加入知识产权公约，对于我国未来蓝莓生产中新品种的使用将造成极大的限制。以吉林农业大学为主的科研单位从美国等国家引进了大量的蓝莓优良品种，并对引进的品种进行了筛选，审定了一些适宜我国种植的优良品种，并在生产中推广应用。虽然引种可以节省很多时间和资源，但从蓝莓产业的长远发展来看，我国必

须重视蓝莓育种工作，在引进优良品种的基础上，充分做好我国野生蓝莓种质资源的收集、保存和利用，加强蓝莓品种选育工作，积极开发具有自主知识产权的专利品种。这是保证我国蓝莓产业良性可持续发展的重要保障。针对这一问题，由吉林农业大学牵头的农业部国家公益性行业（农业）重大专项，小浆果专项团队从 2007 年开始就启动了全国性的联合育种计划，通过实生选种、常规杂交育种、太空育种和分子育种等手段，选育出了 100 余个优良单株，确定了 30 余个优良品系。未来 5~10 年，我国具有自主知识产权的蓝莓优良品种将陆续推出。

2. 优质丰产配套栽培技术和安全生产技术

目前，我国蓝莓的栽培技术还不完善，栽培技术研究的基础还比较薄弱，使我国蓝莓果品原料生产品质较差，在国际市场上缺少竞争力。欧洲和日本等国从中国进口蓝莓产品均要求通过有机认证，而我国除了野生蓝莓产区获得认证外，人工栽培产区很难获得有机认证。美国和欧洲各国在长期的产业发展过程中，形成了完整的优质丰产栽培技术，包括土壤改良与管理、合理施肥灌水、修剪和病虫害防治等技术。引进这些技术并进行消化吸收，可以极大提高我国蓝莓的栽培管理水平。蓝莓果品原料的生产安全问题应当引起足够的重视。新建的蓝莓生产基地应通过有机食品产地认证，积极筛选抗病品种，加强蓝莓病虫害的安全防治工作。逐步增加蓝莓有机产品的生产比例，适应国际市场贸易的需求。

3. 蓝莓生产中的机械化程度越来越高

劳动力短缺是中国蓝莓产业发展的主要障碍。蓝莓属于劳动密集型产业，尤其是果实采收，以鲜果为生产目标时必须人工采收，随着人口出生数量下降、农村劳动力的转移，导致从事农业生产的劳动力严重短缺。除了政策因素以外，研究“机械化、省力化、精简化”栽培技术是解决这一问题的关键。吉林农业大学结合生产实际，研制了“蓝莓机械化开沟土壤改良”“蓝莓合理密植与精简化修剪”和“蓝莓水肥一体化”关键技术，并应用于生产，取得了良好的效果。发达国家蓝莓采收早已实现了机械化，但是我国蓝莓机械化采收仍存在两个主要问题：一是我国大部分蓝莓种植在山地或丘陵，不适宜大型采收机械应用；二是机械化采收导致蓝莓果实耐贮性下降且产量损失约 30%。因此，研发适应我国地理条件的小型蓝莓采收机械是解决这一问题的当务之急。

4. 引进先进的贮藏保鲜和果实加工技术，完善加工技术市场

随着我国蓝莓产业的持续发展，蓝莓果品的贮藏和加工技术必须要及时跟上产业的发展。我国现有的蓝莓采后贮藏和加工技术相对落后，加工基础薄弱，

极大地阻碍了我国蓝莓产业的顺利发展。我国现阶段蓝莓产品的加工设备和工艺多是在引入基础上开发研制的,其种类多集中于常规加工,对一些新科技项目还在探索中,如色素提取、果粉胶囊等保健品、化妆品的研制,尤其是新兴的固体果蔬粉加工品,利用超微粉碎技术、微胶囊技术,鲜果可以经过低温干制粉碎后制成蓝莓果粉,极易被人体吸收,营养成分更高,且便于贮藏运输,被广泛地应用于婴幼儿食品、糖果类制品、烘焙类制品等。这些产品多适宜经济收入高、对新产品接受能力较强的群体,比一般的深加工产品增值空间要大,食品加工企业可以抓住机遇,紧跟国内外果蔬加工发展的新趋势,引入新型加工设备,利用微胶囊技术、微粉碎技术等进行蓝莓果粉制作,使其更易储存、吸收,增值空间更大。另外,蓝莓鲜果的采后贮藏和运输技术、保鲜技术需要加强,如气调贮藏、机械冷藏、超声波处理等在今后的一段时间内可以成为研究重点。应在引进加工技术的同时,引进相关的质量检测设备与技术,如杂质快速检测,农残检测技术和设备以及质量管理标准,通过消化吸收,研究制定出适宜我国国情的蓝莓加工产品质量管理体系。

5. 合理调整蓝莓栽植区域,推荐蓝莓栽培区域化

所谓蓝莓品种区域化是指在不同生态地区选择适宜当地生态条件的最佳品种。蓝莓抗寒性较强,适宜在酸性土壤、有机质含量高、肥沃疏松的地块栽培;喜湿润、抗旱能力差,需要有较好的灌溉条件。但不同的蓝莓品种对气候和土壤条件要求有一定差异。中国幅员辽阔,有着大面积的可种植蓝莓的土壤,只要对土壤 pH 稍做调整就可种植,特别是在长江以南各地的红黄壤酸性土地区更适宜种植。

第二章
Chapter 2

蓝莓品种选择及优良品种

一、蓝莓的种类有哪些？

蓝莓属于杜鹃花科（Ericaceae））越橘属（*Vaccinium* spp.）植物，为多年生落叶或常绿灌木或小灌木树种。全世界蓝莓属植物约有 400 个种，广泛分布于北半球的温带和亚热带，南北美洲和亚洲的热带山区也有分布；但不产于非洲的热带高山和热带低地，也不产于南温带。其中有 40% 的种分布在东南亚地区、25% 的种分布在北美地区、10% 的种分布在美国的南部或中部地区。据研究，中国已知有 91 个种 24 个亚种和变种，南北方各地均有，主要产于西南和华南地区。本属植物为灌木或小乔木，通常地生，少数附生。该属许多种类的果实可以食用，目前主要利用的是分布于北温带的一些落叶种类。越橘属植物在长期演化过程中，形成了大量的多倍体种。这些种类在形态和生态习性上比较复杂，种类的划分在分类学和园艺学上都比较混乱。根据树体特征、生态特性及果实特点，我们将蓝莓划分为南高丛蓝莓、北高丛蓝莓、半高丛蓝莓、兔眼蓝莓、矮丛蓝莓 5 个品种群。

二、南高丛蓝莓品种群具有哪些特点？

南高丛蓝莓原产于美国东南部亚热带地区，分布于沿海及内陆沼泽地，耐湿热，喜湿润、温暖气候条件，冷温需要量低于 600 h，抗寒力差，适于我国黄河以南地区如华东、华南地区发展。

南高丛蓝莓果实比较大，直径可达 1 cm，具有成熟期早，鲜食口味佳的特点。我国山东青岛栽培的本品种果实在 5 月底到 6 月初成熟，南方地区成熟期更早。这一特点对于南高丛蓝莓在我国南方的江苏，浙江等省栽培具有重要的参考价值。

三、北高丛蓝莓品种群具有哪些特点？

北高丛蓝莓原产于美国东北部，分布在河流边缘沙质地、沿海柔软湿地、内陆沼泽地及山区疏松土壤，要求湿度大，喜冷凉气候，抗寒力较强，有些品种可抵抗 –30 ℃低温，适于我国北方沿海湿润地区及寒地发展。其抗寒力强，对土壤条件要求严格。树高 1~3 m。果实大，直径可达 1 cm。果实品质好，口味佳，宜鲜食。

此品种果实较大，品质佳，鲜食口感好，可以作为鲜果市场销售品种栽培，也可以加工或庭院自用栽培，是目前世界范围内栽培最为广泛、栽培面积最大的品种。

四、半高丛蓝莓品种群具有哪些特点？

半高丛蓝莓是由高丛蓝莓和矮丛蓝莓杂交获得的品种类型，由美国明尼苏达大学和密执安大学率先开展此项工作。育种的主要目标是通过杂交选育果实大、品质好、树体相对较矮、抗寒力强的品种，以适应北方寒冷地区栽培。此品种的蓝莓树一般高 50~100 cm，果实比矮丛蓝莓大，但比高丛蓝莓小，抗寒力强，一般可抗 –35 ℃低温。

五、兔眼蓝莓品种群具有哪些特点？

兔眼蓝莓品种群的植株高 2~5 m。该品种是由 5 个四倍体种杂交而成的异源六倍体杂种。原产于美国东南部的佛罗里达州北部、佐治亚州东部及南部到南卡罗来纳州和亚拉巴马州东南部。最大的产区是佐治亚州，约占美国该品种栽培总面积的 50%。一般而言，兔眼蓝莓比高丛蓝莓的生态适应性好，生长势和抗虫性较强，并且丰产、果实坚实、耐贮藏、需冷量少。

在早期栽培时，其最大的缺点是果实品质不如高丛蓝莓好，但经过育种学家的努力，特别是在 1960 年以后推出的品种，其果实品质得到了较大的改善，提高了市场竞争力。

六、矮丛蓝莓品种群具有哪些特点？

矮丛蓝莓品种群最主要的种类包括狭叶蓝莓（*V. angustifolium*）和绒叶蓝莓（*Vmyrtilloides*）。主产区在美国的缅因州和加拿大的魁北克省、新不伦瑞克省、新斯科舍省以及爱德华王子岛。株高 30~50 cm。该品种群抗旱能力较强，且具有很强的抗寒能力，在 –40 ℃低温地区可以栽培。在北方寒冷山区，30 cm 积雪可将树体覆盖从而确保安全越冬。对栽培管理技术要求简单，适宜东北高寒山区大面积商业化栽培。但由于果实较小，果实可用作加工原料，因此大面积商业化栽培应与果品加工能力配套发展。

狭叶蓝莓也是一个在分类上比较混乱的异源四倍体种。其分布范围包括加拿大的马尼托巴省和美国的明尼苏达州南部，向东到加拿大的安大略省和魁北克省的北部以及纽芬兰省，向南到美国东岸的特拉华州、弗吉尼亚州山区、伊利诺伊州和印第安纳州的北部。在加拿大东部分布在海拔 1 300 m 处，在美国的弗吉尼亚州分布在海拔 1 300~1 500 m 地区。狭叶蓝莓生长在开阔地酸性土壤上，包括高山沼泽、干旱沙地、草炭荒地、松树荒地、藓泽、撂荒等。

绒叶蓝莓是一个二倍体种。它是在目前利用的越桔属物种中分布最广的，呈不连续分布状，范围从加拿大的不列颠哥伦比亚省到美国的纽约州、宾夕法尼亚州、印第安纳州和弗吉尼亚州。该种也是一个生态适应性比较广的物种，从海拔较低的地区到 1 200 m 的高山均有分布。主要分布在排水性良好的沙土上，在干燥高地、石砾地、潮湿藓泽地和山地草甸也可见到。

七、南高丛蓝莓品种群主要品种有哪些？

图 2-1　奥尼尔 O'Neal 植株

南高丛蓝莓喜湿润、温暖气候条件，需冷量较低，适于我国黄河以南地区如华东、华南地区种植。该品种群主要品种有以下多种。

1. 奥尼尔（O'Neal）

1987 年推出的杂交品种（图 2-1）。极早熟，树体半开张，分支较多。早期丰产能力强。开花期早且花期长，由于花芽开花较早，容易遭受早春霜害。极丰产。果实中大，果蒂很干，质地硬，鲜食风味佳。该品种适宜机械采收。冷温需要量为 400 h。抵抗茎干溃疡病。

2. 薄雾（Misty）

美国 1992 年推出的杂交品种。中熟，成熟期比奥尼尔晚 3~5 d。树体直立，生长势强。在不过量结果的情况下果实品质优良，果大而坚实，色泽美观，蒂痕小而干，坚实度好，有香味，色泽美观，果蒂痕小而干，在我国长江流域栽培无裂果现象。易扦插繁殖。种植该品种需要注意一定要加强修剪，若枝条过多，花芽量大，则很容易造成树体早衰。冷温需要量为 150 h。

3. 夏普蓝（Sharp blue）

1976 年美国佛罗里达大学选育，属早熟品种，由 Florida61-5 与 Florida62-4 杂交育成。主要果实及树体特征与佛罗达蓝莓相似，区别是浆果为中等蓝色，是佛罗里达中部和南部地区栽培最为广泛的品种。树体中等高度，开张，需冷量是南高丛品种群中最少的品种。早期丰产能力强。需要配置授粉树。在灌溉条件下株产量 3.6~7.2 kg。果大，果色稍深，蒂痕较湿，风味佳。对根腐病和枝条溃疡病抗性中等。在幼树期需去掉果实以促进树体生长。冷温需要量为 150 h。

4. 比乐西（Biloxi）

1998 年美国农业部 ARS 小浆果研究站杂交选育的品种，亲本为 'Sharpblue' × 'US329'。树体生长直立健壮，丰产性强。果实颜色佳，果蒂痕小，果肉硬，果实中等大小，平均单果重 1.47 g，鲜食风味佳。该品种的突出特点是果实成熟期早，比 'Climax' 早熟 14~21 d，可以早期供应鲜果市场。栽培时需要配置授粉树。另外，由于开花期早，易受晚霜危害。该品种是目前唯一一个 2 次开花结果的品种，在我国山东威海第二次开花可以结果，果实在 10 月份成熟，云南地区栽培，第二次结果可实现 1~1.5 kg/ 株的产量。需冷量很少，只有 150 h，在美国夏威夷栽培可以实现常年连续开花结果，在墨西哥该品种 12 月份开花，3、4 月份果实成熟供应美国市场，已成为墨西哥公认的最好的一个品种。目前，我国还没有大面积栽培，建议在南方产区试验栽培，尤其是广东和海南地区，有可能实现比现在所有品种更早的果实采收期。

5. 艾文蓝（Avonblue）

1977 年美国佛罗里达大学选育，由（Floridal-3 × Berkelev）与（Pioneer × Wareham）杂交育成。果实成熟期略晚于夏普蓝。树体紧凑，枝条节间短。果实中等大，浅蓝色，坚实，果蒂痕小而干，品质极优。栽培要求土壤疏松，春、秋两季修剪。重点剪花芽，自花结实，用夏普蓝和佛罗达蓝授粉可提高产量和品质。果实中等大、淡蓝色，肉质硬，果蒂痕小且干，品质及风味是南高丛蓝莓品种中最好的一个。适宜鲜果远销。冷温需要量为 400 h。

6. 萨米特（Summit）

1997 年美国选育出的品种。中晚熟。植株半开张，生长势中庸，树高

1.5~1.8 m。果大，浅蓝色，果硬，甜而有香气，风味佳，果蒂痕小。货架期长。萌芽开花较早，丰产，稳产。单株产量 3.6~4.5 kg。推荐冷温量在 600 h 以上地区种植，可用作鲜果、加工、自采果园、本地市场。

7. 佐治亚宝石（Georgia gem）

美国于 1986 年推出的杂交品种。中熟品种，树体半开张，高产且连续丰产。果实中大，质地硬，果蒂痕小且干，风味好。配置授粉树可提高产量和品质。需要排水良好的土壤和避免春霜。冷温需要量为 359 h，但花芽的冷温需要量为 500 h。缺点是抗霜能力差。

8. 南月（South moon）

1995 年美国佛罗里达大学杂交选育的品种，为美国专利品种，早熟。树体直立，果实品质特佳。冷温需要量为 500 h。由于开花比较早，容易遭受早春霜害。果食大，平均单果重 2.3 g，略扁圆形，暗蓝色，果蒂痕小且干，质地很硬，口味甜，略有酸味。栽培时需要配置授粉树，夏普兰和佛罗里达蓝均可为其授粉。

9. 佛罗达蓝（Florda blue）

1976 年美国杂交选育的中熟品种。树冠枝条均匀，树体生长中等健壮，高约 1.5 m，生长势较强。果实大，淡蓝色，硬度中等，风味好。适宜鲜果销售栽培。繁殖困难。易感染根腐病。冷温需要量为 350 h。

10. 奥扎克兰（Ozarkblue）

1996 年美国阿肯色大学选育的品种，为美国专利品种，专利号为 PP10035。晚熟，树体半直立，生长势强。丰产稳产，株产量 1.7~2.5 kg。果实品质优良，蒂痕小，果色深，坚实，香味较浓。耐贮藏，在 5 ℃时贮藏 21 d 坚实度和果重不会下降。冷温需要量为 600~800 h。果实质地硬，超过蓝丰，鲜食口味比蓝丰甜且香味浓，该品种的另一个突出特点是抗寒能力较强，可抵抗 –23 ℃冬季低温，是南高丛蓝莓品种中抗寒力最强的一个。

11. 斯塔纳（Stana fe）

1997 年美国佛罗里达大学选育的品种，为美国专利品种，专利号为 PP10788。早熟品种，于 1975 年 Avonblue 品种的自然杂交后代中选出，父本不详。冷温需要量为 300 h。树体生长健壮，高大直立。产量中等偏上，5 年生产量可达 2.75 kg/ 株。果实中大，平均单果重 1.8 g。果蒂痕小且干。果实暗蓝色，质地硬，耐贮存。抗寒能力强。

12. 明星(Star)

1995 年美国明尼苏达大学选育的品种,为美国专利品种,专利号为 PP10775。于 1981 年杂交,亲本为 FLS0-31 × O' Neal。生长势中等。果实大而均匀,果蒂痕小且干,坚实度好,风味佳,品质优良。易繁殖。该品种果实成熟期集中,所有果实在 3 周内成熟,而夏普蓝需 8 周。成熟期极早,在佛罗里达地区 4 月末成熟。因此,在鲜果市场上很有竞争力。冷温需要量为 400 h。

13. 蓝脆(Bluecrisp)

1997 年美国佛罗里达大学选育的品种,为美国专利品种,专利号为 PP11033。于 1980 年杂交,亲本不详,但主要是北高丛蓝莓品种(Vaccinium colymbosum)和佛罗里达野生蓝莓(Vaccinium darrowii)杂交获得。树体生长健壮,半开张。树高可达 2 m。丰产性能中等偏上,4 年生平均株产 1.82 kg。果实脆,质地好,耐运输。容易受蓝浆果瘤瘿螨危害,采收后需喷杀虫剂。冷温需要量为 500~600 h。

14. 珠宝(Jewel)

1998 年美国佛罗里达大学选育的品种,为美国专利品种,专利号为 PP11807。于 1988 年杂交,亲本为密执安和新泽西北高从蓝莓中筛选的大果、高品质、成熟期早的品系与野生的 *Vaccinium darrowii*。树体中等,半开张,4 年生株高 1 m。冷温需要量为 200 h。产量中等,果实大,果实暗蓝色,果蒂痕小且干,质地较硬,口味酸甜。

15. 绿宝石(Emerald)

1999 年美国佛罗里达大学选育的品种(图 2-2),为美国专利品种,专利号为 PP12165。于 1991 年

图 2-2 绿宝石

杂交，亲本为 FL91-69XNC1528。树体生长健壮，半开张，果实极大。果实蓝色，果蒂痕小且干，质地极硬，果实口味甜略有酸味。成熟期极早，且较集中。产量高，抗寒力强，抗病抗虫能力强，是很有发展前途的南高丛优良品种。冷温需要量为 250 h。

16. 蓝宝石（Sapphire）

1998 年佛罗里达大学选育的品种（图 2-3），为美国专利品种，专利号为 PP11829。于 1980 年杂交，亲本不详，主要是以密执安和新泽西筛选的大果、高品质品系与佛罗里达野生种 *Vaccinium darrowii* 杂交获得。树体生长中等健壮，半开张或开张，丰产能力中等，果实大，果实蓝色，果蒂痕小且干，质地极硬，果实甜，口味佳。高抗茎干溃疡病。冷温需要量为 200 h。

17. 新千年（Millennia）

2000 年美国佛罗里达大学选育的品种，为美国专利品种，专利号为 PP12816。树体生长健壮，直立到开张，丰产性强，果实极大，果实天蓝色，比其他品种美观。果蒂痕小且干，质地极硬，口味甜。成熟期早，高抗茎干溃疡病。冷温需要量为 300 h。

图 2-3　蓝宝石

18. 温莎（Windsor）

2000 年佛罗里达大学选育的品种，为美国专利品种，专利号为 PP12783。树体生长健壮，丰产性强，果实极大，果实天蓝色，悦目美观。果蒂痕中至大，有果皮撕裂现象。果实质地极硬，口味甜。该品种的突出特点是成熟期极早。冷温需要量为 300~500 h。

19. 久比力(Jubilee)

2000 年美国农业部 Poplaville 农业研究中心浆果试验站选育出的品种。树体直立,健壮,丰产性强。果实中等,颜色好,口味佳,质地硬,果蒂痕小。果实成熟后可以在树上不采收而果实品质不变。商品生产中可以一次或二次采收 95% 以上。冷温需要量为 500 h。

八、北高丛蓝莓品种群主要品种有哪些?

1. 早蓝(Earibluе)

1952 年美国选育的品种,由 Stanley × Weymouth 杂交育成,为早熟品种。树体生长健壮,树冠开张,丰产,果实成熟后不落果。果实大、悦目蓝色,质地硬,宜人芳香,口味佳。

2. 蓝塔(Bluetta)

1968 年美国农业部和新泽西州农业试验站合作选育品种(图 2-4),由(North Sedwick × Coville)× Earliblue 杂交育成,早熟品种。树体生长中等健壮,矮且紧凑,抗寒性强,连续丰产性强。果实中大、淡蓝色,质地硬,果蒂痕大,口味比其他早熟品种佳,耐贮运性强。冷温需要量大于 800 h。

图 2-4 蓝塔

图 2-5 都克

图 2-6 斯巴坦

3. 都克(Duke)

1986 年美国农业部与新泽西州农业试验站合作选育，为一早熟品种(图 2-5)。树体生长健壮、直立，极为丰产稳产。果实中等大，浅蓝色，质地硬，果蒂痕小且干，风味柔和，有香味。

4. 斯巴坦(Spartan)

1978 年由美国农业部选育，由 Earliblue × USll-93 杂交育成，早熟品种(图 2-6)。树体生长健壮，树体直立，丰产性强，略抗僵果病害。果实极大，果蒂痕小且干，淡蓝色，质硬，风味极佳。抗寒性强，耐春霜。易出现缺绿症。对茎干溃疡病敏感。

5. 蓝乐(Bluejay)

1978 年美国密执安州立大学选育，由 Berkeley M Michigan241(Pioneer M Taylor)杂交育成，属熟品种。树体生长健壮、直立，极抗寒(–32 ℃)，丰产性强，抗僵果病。果实中大、圆形、淡蓝色，质硬，果蒂痕小，果柄长，口味略酸。

6. 瑞卡(Reka)

1988年新西兰国家园艺研究所选育的品种，为美国专利品种，专利号为PP6700。于1975年杂交，亲本为E118(‘Ash-worth’×‘Earliblue’)×‘Bluecrop’，早熟品种。树体生长直立，健壮。果穗大而松散。丰产能力极强，可达12 kg/株。果实暗蓝色，中等大小，果实直径12~14 mm，平均单果重1.8 g。果实口味极佳。果实质地硬，采收容易。该品种对矿质土壤的适应能力强。栽培时需要修剪花芽，避免结果过多。

7. 双丰(甜心)(Sweetheart)

美国佐治亚大学利用南高丛蓝莓品系TH 275和北高丛蓝莓品系G 567杂交获得的优良品种(图2-7)，早熟，1996年在美国新泽西州蓝莓蔓越橘研究推广中心杂交并于1999年选出。有南高丛血统(约15% *V. darrowii*)。株丛生长旺盛，株高1.2~1.8 m。树姿半开张至直立，枝条粗度中等，花芽圆球形。开花习性与蓝丰相似，抗寒性与蓝丰近似，最新资料证实该品种具有抵抗高土壤pH的特性。成熟期与都克品种相同，成熟期集中。二次花于果实成熟期开始陆续开放(图2-8)，7月末至8月初二次果开始陆续成熟。果实中至大，平均单果重1.6 g，最大单果重2.97 g，果实纵径11 mm，横径16 mm，扁圆形。果粉厚，外观呈亮蓝色。质地硬度非常好，风味极佳，具有独特的杧果香味。花冠大，呈圆柱状，浅粉色至深粉色。丰产性好，高产或极高产，盛果期产量达6.8 kg/株。

图2-7 双丰植株

图2-8 双丰温室采收后二次花

8. 雷戈西(Legacy)

树体生长直立,分支多,内膛结果多。丰产,早熟品种,比蓝丰品种早熟 1 周。果实蓝色,果实大,质地很硬,果蒂痕小且干。果实含糖量较高,甜味,鲜食口味极佳,为鲜果生产优良品种,被认为是目前鲜果中品质最好的品种之一。

9. 蓝线(Blueray)

1955 年美国选育品种,由(Jersey × Pioneer)×(Stanley × June)杂交育成,中早熟品种。树体生长健壮,树冠开张,丰产,抗裂果,果穗小且紧凑。果实极大、淡蓝色,质地硬,具芳香味,口味佳。

10. 北卫(Patroit)

1976 年美国选育,由 Dixi × Michigan LB-1 杂交育成,中早熟品种。树体半直立,生长势强,极抗寒(–29 ℃),抗根腐病。果实大,略扁圆形,质地硬,果呈蓝色,果蒂痕极小且干,口味极佳。不耐贮运,建议在自采果园中种植。本品种为北方寒冷地区鲜果市场销售和庭园栽培首选品种。

11. 蓝丰(Bluecrop)

1952 年美国由(Jersey × Pioneer)×(Stanley × June)杂交选育,中熟品种,是美国密执安州主要栽培品种。树体生长健壮,树冠开张,幼树时枝条较软,抗寒力强,其抗旱能力是北高丛蓝莓中最强的。极丰产且连续丰产能力强。果实大、淡蓝色,果粉厚,肉质硬,果蒂痕干,具清淡芳香味,未完全成熟时略偏酸,口味佳,是鲜果销售优良品种。

12. 蓝金(Bluegold)

1988 年美国选育的品种。中熟品种,极丰产。树体长势中庸,比较直立,树冠紧凑,圆球形,树高 1.0~1.5 m。浆果质地非常硬,品质佳,果蒂痕浅,中型果,果实整齐度好,颜色靓丽。果实非常耐储,货架期非常长。成熟期集中,因此人工采摘和机械采收最经济,可作为鲜果市场或加工市场的优选品种。

13. 托柔(Toro)

1987 年美国选育品种,中熟品种,成熟期与蓝丰相同。树体生长健壮,树冠开张,抗寒力强,极丰产。果穗中大,质地硬,中等蓝色,果蒂痕小且干,口味好。果实采收较容易,可分两次完全采收完毕。

14. 伯克利(Berkeley)

1949 年美国选育品种，由 Jersey × Pioneer 杂交育成，中熟品种(图 2-9)。树体生长健壮，树冠开张，丰产，产量不稳定，果穗疏散。果大，呈很浅的蓝色，坚实，果蒂痕小，不裂果，风味和香气适中，鲜果和加工产品质量高。在平原地区种植易感染茎干溃疡病，需通透性好的土壤。

图 2-9　伯克利植株与果实

15. 奴依(Nui)

1988 年新西兰国家园艺研究所选育的品种，为美国专利品种，专利号为 PP6699。于 1975 年杂交，亲本为 E118(‘Ash-worth’ × ‘Earliblue’)× ‘Bluecrop’，中熟品种。树体生长开张，中等健壮，有秋季二次坐果习性。果穗松散，主要在树冠外围结果。产量中等偏下，一般 2~4 kg/ 株。果实淡蓝色，极大，直径 16~20 mm，单果重 2.5~3.5 g，最大单果重可达 5 g。早采的果实口味偏酸。果实质地硬，耐贮存能力极强。在 0 ℃条件下可贮存 6 周，气调贮存可达 8 周，在室温条件下的保鲜期比其他所有品种都长。

16. 泽西(Jersey)

1928 年美国选育的品种，由 Rube × Grover 杂交育成，中熟品种(图 2-10，图 2-11)。树体大且直立，长势强。果实中大，浅蓝色，坚实，果蒂痕小，加工品质好。较丰产，果实成熟期长，可持续至 9 月中旬。此品种为美国新泽西州和密执安州主栽品种，适宜鲜果销售栽培。

图 2-10 泽西植株与果实

图 2-11 泽西植株

17. 康维尔(Coville)

1949 年美国选育的品种,由 Jersey × Pioneer 杂交育成。果实成熟期比泽西晚。树体生长健壮,极丰产,果穗松散,无裂果,无落果,适宜机械采收。果实大、淡蓝色,质地硬,完全成熟前口味偏酸,加工品质极好。

18. 奥林匹亚(Olympia)

树体高大且开张,生长季节叶片似绿宝石,秋季呈亮红色,极美观。比较容易栽培。果实中等大小,暗蓝色,果实含糖量较高,有宜人的芳香味,口味极佳。果蒂痕小且干,适宜鲜果生产栽培。其口味在西方鲜果市场上被认为是最好的一种,多年来被西方作为一个秘密品种。本品种容易遭受晚霜危害,园地选择时应尽量避免。

19. 晚蓝(Lateblue)

1967 年美国农业部和新泽西州农业试验站合作选育,晚熟品种。树体直立,生长势强。丰产稳产,果实成熟期较集中,适于机械采收。果实中等大、淡蓝色,质硬,果蒂痕小,口味极佳。果实成熟后可保留在树体上。

20. 达柔(Darrow)

1965 年美国选育品种,由(Wareham × Pioneer)× Bluecrop 杂交育成,晚熟品种。树体生长健壮,直立,连续丰产。果实大、淡蓝色,质地硬,果蒂痕中等,不易裂果。略酸,口味好。在完全成熟前酸度极高,但完熟后风味极好。不抗根腐病。

21. 伯吉塔蓝(Brigita blue)

1980 年澳大利亚农业部维多利亚园艺研究所选育的品种,由 ‘Lateblue’ 自然授粉的后代中选出。树体生长极健壮、直立,晚熟品种。果实大,中等蓝色,果蒂痕小且干。口味甜。适宜机械采收。

22. 埃利奥特(Elliot)

1973年美国农业部选育,极晚熟品种。树体生长健壮、直立,连续丰产,果实成熟期较集中。果实中大、淡蓝色,肉质硬,果蒂痕小,微有香味,口味佳。成熟期一致,此品种在寒冷地区栽培成熟期过晚。

23. 钱德乐(Chandler)

树体开张,株高1.5~3 m,需冷量高。果实极大,是目前所有品种中最大的一种,在长春产区平均单果重3.73 g,最大单果重可达4.89 g,果实扁圆形,如算珠,所以视觉感观更大,可达一元硬币大小。果实天蓝色,风味佳。丰产性较好,长春地区栽培4年生株产2.1 kg。果实成熟期较晚,长春地区8月初采收,且成熟时间较长,可达4~6周,因此特别适合观光采摘,也有利于鲜果销售时采收劳动力的缓解。建议该品种作为吉林产区和辽东半岛产区晚熟鲜果品种栽培。但该品种在长春地区栽培时有采前落果现象,要注意及时采收。

24. 德雷珀(Draper)

美国密歇根州2003年选育的中早熟品种(图2-12),树冠直立,树势中等,抗寒性强,果实大,果肉硬度高,果蒂痕小,风味好,耐贮运,近年来作为新的品种开始在冬季比较寒冷地区大量栽培。

25. 利珀蒂(Liberty)

美国密歇根州2003年选育的晚熟品种(图2-13),植株直立,树势强,丰产,抗寒性强,果实大而硬,果蒂痕小,风味好,近年来作为新的晚熟品种在温带种植区具有巨大的发展潜力。

图2-12 德雷珀植株

图 2-13　利珀蒂植株和果实

九、半高丛蓝莓品种群主要品种有哪些？

1. 北陆（Northland）

1968 年美国密执安大学农业试验站选育，由 Berkeley ×（bwbush × Pioneer 实生苗）杂交育成，中早熟品种（图 2-14）。树体生长健壮，树冠中度开张，成龄树高可达 1.2 m。抗寒，极丰产。果实中大、圆形、中等蓝色，质地中硬，果蒂痕小且干，成熟期较为集中，口味佳，是美国北部寒冷地区主栽品种。

2. 北蓝（Northblue）

1983 年美国明尼苏达大学选育，由 Mn-36 ×（B-10 × US-3）杂交育成，晚熟品种，树体生长较健壮，树高约 60 cm，抗寒、丰产性好。果实大、暗蓝色，肉质硬，口味佳，耐贮，适宜于北方寒冷地区栽培。缺点是果粉欠佳，果实偏软，适宜当地鲜果销售。

图 2-14　北陆

3. 北空（Northsky）

1983 年美国明尼苏达大学选育，亲本为 B-6 × R2P4，晚熟品种。树体生长较矮，一般为 25~55 cm，较饱满，丰产性中等。抗寒力强（–30 ℃）。果实中大、天蓝色，肉质中硬，鲜食口味好，耐贮。适宜北方降雪量多的地区栽培。

4. 北春（Northcountry）

1986 年美国明尼苏达大学育成，亲本为 B-6 × R2P4，中早熟品种。树体中等健壮，高约 1 m，早产，丰产，可连续丰产。果实中大、亮天蓝色，口味甜酸，味佳。此品种在我国长白山地区栽培表现出丰产、早产、抗寒，可露地越冬，为高寒山区蓝莓栽培优良品种。

5. 圣云（St.Cloud）

美国明尼苏达大学选育的品种，中熟品种。树体生长健壮、直立，树高 1 m 左右，抗寒力极强，在我国长白山地区可露地越冬。果实大、蓝色，肉质硬，果蒂干，鲜食口感好。此品种可作为我国北方寒冷地区鲜果销售栽培品种。

图 2-15　奇伯瓦

6. 奇伯瓦（Chippewa）

美国明尼苏达大学 1996 年选育的品种（图 2-15），中早熟品种。树体生长健壮直立，高约 1 m，抗寒力强。果实中大，天蓝色，果肉质地硬，口味甜。丰产，产量可达 1.4~5.5 kg/ 株。配置授粉树可增加产量和增大果个，是适宜北方寒冷地区栽培的优良品种。

7. 北极星（Polaris）

美国明尼苏达大学 1996 年选育的品种，亲本为 Bluetta ×（G65 × ashworth），中熟品种，比北蓝早熟一周。树体生长健壮，直立，高约 1 m，抗寒力强。果实中大，蓝色，果肉质地硬且脆，有芳香口味，耐贮存能力极强。丰产，产量可达 1.5~4.5 kg/ 株。需配置授粉树。

十、兔眼蓝莓品种群主要品种有哪些？

1. 灿烂（Brightwell）

1983年美国佐治亚州育成，由梯芙蓝与Menditoo杂交育成，早熟品种。植株健壮、直立，树冠小，易生基生枝，开花晚，比兔眼蓝莓的其他品种抗霜冻能力强。丰产性极强，浆果在果穗上排列疏松，极适宜机械采收和作鲜果销售。果实中大、质硬、淡蓝色，果蒂痕干，风味佳。雨后浆果不裂果。冷温需要量为350~400 h。

2. 顶峰（Climax）

1974年美国乔治亚州推出的杂交品种。树体直立而稍开张，生长势中等，更新枝发生量不多，但足够更新树势。对幼树进行强修剪或去枝条会影响树势，特别在遇到干旱或过湿的情况时更会造成树势衰退。丰产，在灌溉条件下株产量3.6~10 kg。品种混栽有利于提高产量，最佳授粉树为灿烂。果中等大，果色深蓝至浅蓝，坚实，蒂痕小，风味佳，香味浓。冷温需求量为450~500 h。

3. 乌达德（Woodard）

1960年美国佐治亚州选育，由Ethel×Callaway杂交育成，早熟品种。树体开张，萌枝多，生长缓慢，生长势中等。较丰产，在灌溉条件下株产3.6~7 kg。果实大到极大，浅蓝色或稍深，坚实度中等或高，果蒂浅而大、干，完熟果风味好。完熟果很容易变软，不耐运输。易感染白粉病。冷温需求量为350 h。

4. 杰兔（Premier）

1978年美国北卡罗来纳州选育，由梯芙蓝 ×Homebell杂交育成，早熟品种。植株健壮，树冠开张，中大，极丰产。耐土壤高pH，适宜各种类型土壤栽培。能自花授粉，但配置授粉树可大大提高坐果率。果实大至极大、悦目蓝色，质硬，果蒂痕干，具芳香味，风味极佳。适于鲜果销售栽培。冷温需要量为400~500 h。对各种土壤的适应性强，对土壤高pH的忍耐力强。

5. 巨丰（Dellite）

1969年美国乔治亚州推出的杂交品种。树体直立匀称，多干，树冠小到中等，生长势中等到强。丰产，株产3.6~6.8 kg。果大，圆形，色浅，坚实度高，果蒂痕小且干，质地细，含糖量高，风味好，品质佳。对土壤适应性较差。冷温需要量500 h。

6. 布莱特蓝（Briteblue）

1969年美国佐治亚州选育，由Callaway × Ethel杂交育成，中晚熟品种。植株中等健壮，开张。初期生长缓慢，10年之内不需要强修剪。在良好的灌溉管理条件下株产量3.6~5.4 kg。果实中到大，坚实度高，灰蓝色，甜味浓，风味佳，品质优。果蒂痕干，果实成串生长，易于采收，成熟后可在树体保留相对较长时间。此品种耐贮运，可作为鲜果远销品种栽培。耐热耐旱，适应性强。冷温需要量为600 h。

7. 梯芙蓝（Tifblue）

1955年美国佐治亚州选育，亲本为Ethel × Claraway，中晚熟品种。本品种是兔眼蓝莓中选育最早的一个品种，由于其丰产性强，采收容易，果实质量好，直到现在仍在广泛栽培。植株生长健壮、直立，树冠中大，易产生基生枝，对土壤条件适应性强。果实中大。淡蓝色，质极硬，果蒂痕小且干，风味佳。果实完全成熟后可在树上保留几天。但在潮湿的条件或雨后有裂果的现象。

8. 森吐里昂（Centurion）

1978年美国北卡罗来纳州选育，由W-4 × Callaway杂交育成，晚熟品种。植株健壮、直立，树冠小。开花较晚且自花授粉。果实成熟期可持续1个月左右。果实中大、暗蓝色，具芳香味，风味佳。果实质地硬度不如梯芙蓝，在潮湿土壤栽培有裂果现象。适宜作为庭园自用品种发展。

9. 精华（Choice）

1985年美国佛罗里达州选育，是由Tifton31自然授粉实生苗中选出，晚熟品种。树体半直立，生长势强。在灌溉条件下株产量3.6~5.4 kg。果实小，深蓝至浅蓝色，坚实，果蒂痕小而干，完熟后风味佳，耐贮运。较抗叶部病害，对根腐病较敏感，须栽培在排水较好的地方。冷温需要量为550 h。

10. 粉蓝（Powderblue）

1978年美国北卡罗来纳州选育，由梯芙蓝 × Menditoo杂交育成，晚熟品种。树体直立到半直立，树冠小到中等，生长势强。果实中大，比梯芙蓝略小，肉质极硬，果蒂痕小且干，淡蓝色，味甜，品质佳，但无香味。对叶部病害有一定抗性。在十分潮湿的土壤中不易裂果。

11. 芭尔德温（Baldwin）

美国乔治亚州选育的品种，1985年 从 Ga6-40（Myers × Black Giant）× 梯芙蓝杂交选育品种，晚熟品种。植株生长健壮、直立，树冠大，连续丰产能力强，冷温需要量为 450~500 h。抗病能力强。果实成熟期可延续 6~7 周，果实大、暗蓝色，果蒂痕干且小，果实硬，风味佳。适宜庭院栽培。

12. 红粉佳人（Pink Lemonide）

美国新泽西州查特斯沃斯蓝莓与蔓越橘研究推广中心选育，由 NJ 891581 × Delite（V. ashei）杂交育成，1996 年选育出来的红果蓝莓变异品种（图 2-16）。红粉佳人为六倍体，具有一半的兔眼蓝莓（V. ashei Reade）血缘和一半其他六倍体高丛蓝莓品种的综合血缘。作为生产特别是观光采摘、盆景和园林绿化等方面存在的潜在商业价值。

图 2-16　红粉佳人

该品种为中晚熟到晚熟品种，产量中等，果实中型，果面光滑，浅粉色果实，风味中等，质地硬度好。株丛生长旺盛，直立，全部叶片光亮绿色，披针形，叶缘锯齿。叶表面质地光滑。开花时期与其他南高丛蓝莓相似，与抗寒的北高丛蓝莓品种如蓝丰相比，花发育的比较早。在山东乳山市于 7 月 27 日左右果实变成亮粉色或暗粉色。

十一、矮丛蓝莓品种群主要品种有哪些？

美登（Biomidon）

1970 年加拿大农业部肯特维尔研究中心从野生矮丛蓝莓选出的品种 Augusta 与品系 451 杂交后代选育出的品种，中熟品种（图 2-17）。树体生长健壮，丰产，

图 2-17　美登结果状

引种在我国长白山地区栽培的 5 年生树平均株产量 0.83 kg，最高单株产量达 1.59 kg。果较大，近球形，浅蓝色，被有较厚果粉，风味好，有清淡爽口的香味。在我国长白山地区 7 月中旬成熟，成熟期一致。抗寒力极强，在我国长白山区可安全露地越冬。对细菌性溃疡病抗性中等，虫害少，为高寒山区发展蓝莓种植的首推品种。

十二、如何选择蓝莓品种？

蓝莓品种选择是栽培的关键。品种选择要依据当地的生态条件，品种特性，经营管理方式，生产目的及市场前景等综合确定。

1. 品种特性

矮丛蓝莓的特点是抗旱、抗寒能力强，树高 30~50 cm，果实较小，宜作加工原料，也适合家庭盆栽和庭院种植。在我国东北地区适宜露地栽培。

高丛蓝莓又分为南高丛蓝莓和北高丛蓝莓。南高丛蓝莓的特点是耐湿热，抗寒性较强，树高 2 m 左右，果实较大，低温的要求量约为 200 h，即使在无霜期为 260 d 以上的地区也能栽培，露地栽培适宜在我国长江流域以南发展，在我国北方进行温室种植可选用该系列品种。北高丛蓝莓抗寒性强，但不耐旱、不耐涝，树高 1~3 m，果实较大，品质好，风味佳，要求生长期在 160 d 以上，露地栽培适宜在我国的南方高海拔地区和长江以北大部分地区种植，北方地区也可以利用保护地种植。

半高丛蓝莓与北高丛蓝莓一样，需要生长天数为 160 d 以上。其特点是抗寒性强，树高在 1 m 左右，果实比矮丛蓝莓大，但比高丛蓝莓小，属中型果，对土壤条件要求较高，露地栽培适合我国华北、西北、东北地区。由于半高丛蓝莓的果实较小，风味和果实颜色不及高丛蓝莓果实，如果大棚以生产鲜果为目的，不宜选择半高丛蓝莓品种。

兔眼蓝莓生长日数在 266 d 为宜。其特点是耐湿热、抗旱能力强，抗寒能力差，对土壤条件适应性较强。树体高大，最高可达 10 m，寿命长，常绿，果实大而硬，但风味欠佳。露天栽培适宜在我国长江流域以南发展。因其树体高大，晚熟等原因不适宜利用温室大棚反季栽培。因此，温室大棚蓝莓栽培所选择的品种应以高丛蓝莓系列品种为宜。

2. 果实成熟期

蓝莓果实成熟期涉及两个方面：一是成熟期早晚，二是成熟期的一致性。成熟期的早晚主要影响鲜果在市场上的销售价位。在蓝莓鲜果市场上，以早熟品种售价较高。在生产中可以采用温室设施促早栽培。对于以当地市场鲜果销售来讲，可以选择果实成熟期持续时间较长的品种，但如果鲜果出口远销或机械化采收，则宜选择成熟期相对一致的品种。

3. 果实品质好

蓝莓果实硬度主要影响其贮运性。以鲜果出口远销为目的适宜选质地较硬的品种，当地市场鲜销质地可稍软些。以加工果汁果酒为生产目的适宜选质地比较软的品种以提高出汁率。

蓝莓果实风味。甜味及酸味决定蓝莓果实的风味，鲜果市场上，消费者多喜欢含糖量高、酸度低的品种，但加工果汁时以高酸含量品种为宜。

蓝莓果实的果面果粉厚而白，果蒂痕小，果实采收时容易从果柄分离开，果实硬度高、耐储运。裂果性主要是指果实成熟期间由降雨引起的果实表面开裂现象，蓝莓栽培不宜选择具有裂果性的品种。

4. 抗逆性强

北方露地栽培需要考虑品种的耐寒性，耐寒性决定蓝莓栽培能否顺利越冬。在干旱、少雨地区栽培宜选择耐旱性强的品种。品种抗病性也是品种选择的一个重要指标。随着我国蓝莓栽培面积不断扩大，也要注意蓝莓病害发生，可以参考其他主要蓝莓生产区的常见病害的发生与防治。例如对花叶病、病毒病、枯萎病、立枯病的抗病能力。在排水不良的低洼地，根腐病的抗病性也要考虑在内。北方设施栽培中由于湿度较大，灰霉病发生较重，要选择抗病性较强的品种进行栽培。

第三章
Chapter 3

蓝莓整形修剪

一、蓝莓为何要进行整形修剪？

蓝莓整形修剪是蓝莓栽培的一项重要工作，其目的是调节生殖生长与营养生长的矛盾，解决通风透光的问题，保证蓝莓能够持续丰产且产出优质的果品。整形修剪的作用是多方面的，包括构建合理的树体结构，使之能负载更多果实；调整树冠疏密，使之通风透光；除去无效和病弱枝叶，减少营养消耗，加强病虫害防治；通过疏除部分花芽避免结果过多，增大果体，提高坐果率。利用顶端优势，刺激和平衡树冠各部分均匀生长发育等。如果不进行修剪，不仅坐果率降低，果实品质变差，而且会使树势开张的品种结果枝负担过重而落果，从而导致采收困难，果实易带泥土。此外，通过修剪疏除部分病死枝、老弱枝和过密枝条，也使采收等田间操作更方便。

蓝莓的修剪具有双重作用，即局部的刺激作用和整体的削弱作用。从局部来讲，修剪能够使新梢的长度增长，但是从全树的总体生长量来看比不修剪减少，修剪后根系的总生长量也受到抑制，连续几年的重修剪会抑制蓝莓的根系发育。蓝莓的幼树修剪过重，会增强新梢的长势，但是也会延迟花芽的形成，蓝莓修剪应该按照品种特点、修剪的时期、气候条件、树势等综合判断后进行。修剪的程度应以果实的用途来确定：如果加工用，果实大小均可，修剪宜轻，提高产量；如果市场鲜销生食，修剪宜重，提高商品价值。

二、蓝莓修剪的原则有哪些？

蓝莓树体修剪主要遵循“因树修剪，随枝作形”“统筹兼顾，长短结合”“以轻为主，轻重结合”等原则。“因树修剪，随枝作形”是在整形时，既要有树形要求，又要根据不同单株的不同情况灵活掌握，随枝就势，因势利导，诱导成形。做到有形不死，活而不乱。“统筹兼顾，长短结合”是指结果与长树要兼顾，对整形要从长计议，不要急于求成，既有长效计划，又要短期安排。幼树既要整好形，又要有利于早结果，做到生长、结果两不误。盛果期也要兼顾生长和结果，要在高产稳产的基础上，加强营养生长，延长盛果期，并注意改善果实的品质。“以轻为主，轻重结合”是指尽可能减轻修剪量，减少修剪对蓝莓整体的抑制作用。尤其是幼树，适当轻剪、多留枝，有利于长树、扩大树冠、缓和树势，达到早结果、早丰产的目的。修剪量过轻时，势必减少分枝和长枝数量，不利于整形。为了建造骨架，按整形要求对各级骨干枝进行修剪，以助其长势和控制结果。

三、蓝莓修剪有哪些时期？

蓝莓一年中的修剪时期，可以分为休眠期修剪和生长期修剪。生长期修剪又可以分为春季修剪、夏季修剪和秋季修剪，北方地区的休眠期修剪主要在撤除防寒物后至春季萌芽前进行，南方地区不需要埋土防寒的地区，在冬季也可以进行修剪操作。

休眠期修剪指落叶果树从秋冬落叶后至春季萌芽前，或常绿果树从晚秋枝梢停止生长至春梢抽生前进行的修剪。此时树体内养分大部分储藏在茎干和根部，因而修剪造成的养分损失较少。生长期修剪指春季萌芽后至落叶果树秋冬落叶前或常绿果树晚秋枝梢停长前进行的修剪。又分为春季修剪、夏季修剪和秋季修剪；春季修剪主要内容包括花前复剪和除萌抹芽。花前复剪是在露蕾时，通过修剪调节花量，补充冬季修剪的不足。除萌抹芽是在芽萌动后，除去枝干上过多的萌芽或萌蘖；夏季修剪常在采果后进行，主要目的是短截旺枝促进分枝，通过疏枝抑制树体生长过旺。夏季修剪关键在“及时”。修剪越早，产生分枝数量越多，长度越长，可以促进形成更多花芽。由于带叶修剪养分损失较多，夏季修剪对树体生长抑制作用较大，因此修剪量要轻；秋季修剪以剪除过密大枝为主，此时树冠稀密度容易判断，修剪程度较易把握。秋季修剪在幼树、旺树和郁闭树上应用较多，可改善光照条件和提高内膛枝芽质量。修剪时间会影响来年开花时间。在一些有倒春寒的较寒冷地区，有时希望推迟开花。采果后修剪一般可将来年开花时间后延 1 周。在秋季温度较高，生长末期能继续生长的地区，冬季霜冻也可能使大部分或全部生长末期所长出的枝梢产生冻害，花芽形成也因此受到影响，因此，在这些地区种植的蓝莓树不鼓励采果后修剪。

四、蓝莓修剪有哪些常用的手法？

1. 缓放

缓放是指对 1 年生枝条不予修剪。缓放用在生长势强的枝条上，其顶端可以结一串果实，其下部可以萌发较多长势中庸的新梢。缓放是幼树快速成型和成年树结果枝组更新培养的基本手法。

2. 疏枝

将整个基生枝从近地面处剪除，或是将主枝上生长势已趋衰弱的多年生枝组从基部剪除，或将位置过于拥挤的侧枝从基部疏除，疏剪的目的在于改善树体通风透光条件，节省树体养分(图 3-1，图 3-2)。

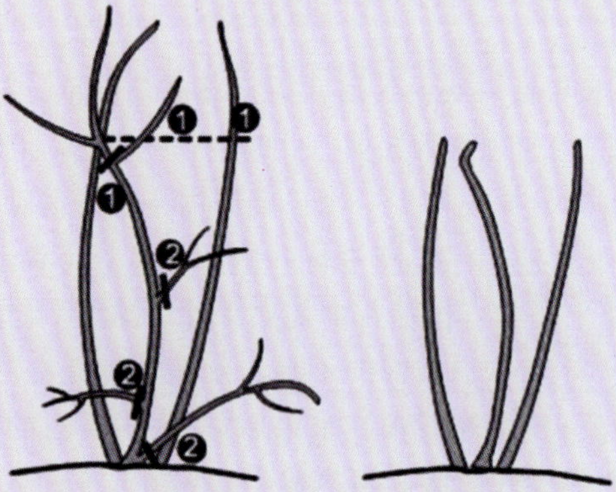

图 3-1　定植第一年蓝莓修剪示意图

1. 将一年生枝条短截到 25 cm 左右的位置　2. 疏除树体下部的短枝和弱枝

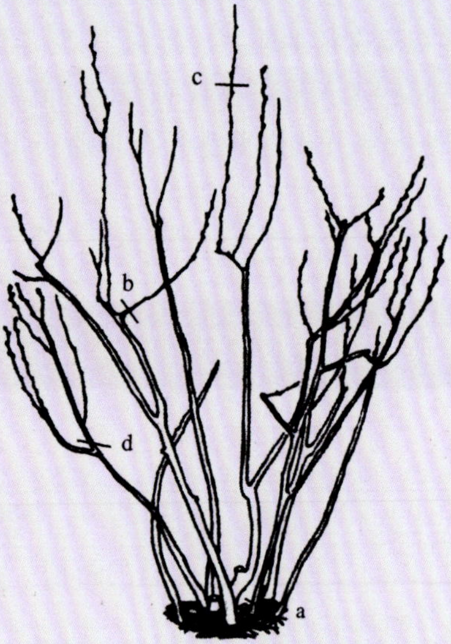

图 3-2　修剪手法示意图

a. 基生枝疏除　b. 侧枝疏除　c. 短截　d. 长截

3. 短截

短截是将 1 年生枝剪去一部分的修剪手法。短截后剪口以下侧芽抽生的枝条长势加强，数量比长放时减少。另外，短截后往往同时除掉了花芽，使结果数量减少，营养生长得到促进。

蓝莓树体在下列几种情况下需要短截：一是枝条达到需要高度，控制它进一步长高；二是培养枝量及扩大树冠；三是枝条过长，不方便管理或结果后会严重下垂。

4. 回缩

回缩也叫缩剪，即将多年生枝短截到分枝处（图 3-3）。回缩的作用是局部刺激和枝条变向。回缩后的反应强弱，决定于剪口枝的强弱。剪口下留强旺枝，则生长势强，有利于恢复树势和更新复壮；剪口下留小枝或弱枝，则营养生长较弱，有利于成花；剪口下留长势中庸的枝条，则既利于生长也利于成花结果。回缩与短截的区别是剪口在多年生部位。回缩的促进作用与回缩的轻重有关。适度可促进生长，过重则抑制生长。

图 3-3　回缩

回缩通常用在以下 4 个方面：一是平衡长势，复壮更新，调节多年生枝前后部分和上下部分之间的关系。如前强后弱时，可适当缩去前旺部分，选一角度开张的相对弱枝当头，以缓前促后，使之复壮。二是转主换头，改变骨干枝延长枝的角度和生长势。三是培养枝组，对萌芽成枝力强的品种先缓放后回缩，形成多轴枝组。四是改善光照，如对果园封行树交叉枝回缩，对过大、影响主枝生长的辅养枝回缩。

5. 摘心

摘除新梢顶端的幼嫩部分，通常只去 3~5 cm 幼嫩部分，摘心的作用是增加分枝，促进成花，控制生长（图 3-4）。蓝莓采收修剪后，在萌发新梢长到 15 cm 左右时进行摘心，根据枝条生长情况摘心 1~2 次为宜。对强壮的基生枝进行摘心，可以培养其成为结果主枝（图 3-5）。果实发育期将生长点摘除可以促进幼果发育。

图 3-4 摘心操作

图 3-5 摘心后的反应

6. 拉枝

拉枝即将较为直立的枝条改变生长方向，使其角度开张。拉枝可缓和枝条的生长态势，使营养物质和激素分配均衡，有利于花芽的形成；拉枝也可以增大分枝角度，改善光照条件，提高叶片的光合作用。如直立型蓝莓品种，成年树中心部位郁闭，可利用拉枝将主枝向四周拉开，使中心部位敞开，改善通风透光条件。生产中也可以使用石块进行撑枝(图 3-6)。在温室生产中也会使用绳子将枝条向中心部位拉，目的是防止由于果实的重量将枝条压弯，导致行间枝条交叉，影响通风透光和日常管理。

图 3-6 使用石块进行撑枝

五、蓝莓修剪有哪些步骤?

蓝莓树体的修剪按照一些基本步骤进行可以提高工作效率。借鉴其他树木的修剪步骤,蓝莓树体修剪可以总结为“一知、二看、三剪、四查、五处理”。

一知是修剪前要知道修剪的技术要求和操作规范。二看是要观察树形树势,对每株树修剪前绕树仔细观察,明确功能,对修剪措施心中有数,计划好先剪哪些枝,后剪哪些枝。三剪是依因地制宜、因树因枝修剪等原则进行修剪,修剪顺序为“由基到梢、由内及外”,先确定树冠修剪后的形状,然后从主枝基部由内及外逐渐向上修剪。具体可参考以下步骤:①按照操作规程和质量要求进行修剪,剪除下部斜生、下垂枝,疏除所有病死枝、枯死枝、衰老枝,选留基部萌发的强壮基生枝 3~5 个,其余的全部疏除;②剪除选留主枝上的细弱枝、病枝、过密枝、交叉枝、重叠枝,主要解决通风透光问题;③上部枝条的修剪,主要是控制载果量,维持壮枝结果。四查是修剪后再整体观察,检查有无遗漏或错剪,查漏补缺。五处理对剪口较大的伤口需要涂抹愈合剂等保护剂,同时要将剪下的枝条及时清理集运等。

六、北高丛蓝莓有哪些适宜树形及如何整形修剪?

1. 多主枝二层开心形及其整形修剪技术

该树形的树体结构为:树高 1.3~1.5 m,冠幅 1.5 m 左右,主干上着生主枝 5~6 个,分两层,第一层 3 个,第二层 2 个,顶部开心,主枝上配备大中小相间的结果枝组。

北高丛蓝莓建园宜栽植2~3年生营养钵大苗。苗木定植后暂不修剪，保留所有枝条自然生长。第1年冬剪时选5~6个健壮基生枝，截留40~50 cm培养主枝，疏除密生、细弱枝和所有花芽。第2年冬剪时对主枝延长枝留50~60 cm短截，同时疏除细弱枝和密生枝。结果枝进行疏花，剪留花芽标准一般是健壮枝留4~5个，中庸枝留2~3个，衰弱枝不留花芽。第3年生长季疏除多余基生枝，对主枝和枝组上的旺长枝重摘心促萌，增加结果枝数量。冬剪以疏为主，疏除树冠顶部过高的徒长枝、交叉枝、重叠枝、密生枝和衰弱枝，改善光照，节约养分。对结果枝按照标准疏花，强旺树适当多留，以果压冠。第4年进入盛果期后，注意更新复壮骨干枝和结果枝组。对主枝采取缩、放结合，对结果枝组采取缩、放和截等修剪手法，按标准留花芽，合理负载，保持树势健壮。清理基生枝、疏除交叉、重叠、密生和衰弱枝，旺长枝摘心，改善光照条件，提高果品质量。衰老期有计划地重回缩，疏除衰老主枝，选留基生新梢培养新主枝，更新复壮结果枝组，控制负载量，使"树老枝新、优质高效"。

2. 自然丛状形及其整形修剪技术

该树形的树体结构为：树高、冠幅和留主枝数量均同多主枝二层开心形，但主枝不分层，主枝上自然着生结果枝组。利用北高丛蓝莓顶端优势强，基生枝上极易产生旺长枝而自然更新的特点，对基生枝通过计划性回缩而非短截培养主枝。

苗木定植后暂不修剪。冬剪时多留基生枝用作主枝培养，疏除密生枝、细弱枝和所有花芽。第2年夏季对生长过旺的主枝重摘心，疏除多余基生枝。冬剪时主枝上已着生的旺长枝作为主枝延长枝，甩放不剪。原头轻剪培养结果枝组，过弱头缩剪至旺长枝处。疏除密生枝和细弱枝。结果枝留花量处理同二层开心形。第3年夏季继续对旺长枝、延长枝和徒长枝重摘心，疏除多余基生枝。冬季修剪，主枝过高的轻缩压冠，疏除交叉、重叠、密生和细弱枝。结果枝修剪同第二年冬剪，强壮结果枝留5~6个花芽，旺长树和旺长枝多留花芽，以果压冠，缓和其生长势。第4年进入盛果期，夏季对旺长枝轻摘心，疏除当年萌生的多余基生枝。采果后酌情疏除多留的基生枝。冬剪时回缩过高枝条，疏除树冠顶部过密枝，以改善光照条件。缩、放结合修剪，培养紧凑健壮的结果枝组。对交叉、重叠、过密和衰弱枝视空间大小有计划地逐步清理，达到"树体结构合理，枝条分布均匀，冠内风光通透，生长势力均衡，延长盛果年限，实现优质高效"。

衰老期，重回缩主枝，有计划地保留健壮基生枝培养新主枝，疏除无保留价值的衰老主枝，更新复壮主枝。利用缩、截、放和控制负载量的方法，更新复壮结果枝组。

第四章
Chapter 4

蓝莓优良苗木繁育技术

蓝莓的繁殖方法较多，总体分为有性繁殖和无性繁殖，有性繁殖主要是实生播种，缺点是容易发生性状分离；无性繁殖的方法主要以扦插繁殖为主，其他繁殖方法有分株繁殖、组培繁殖、嫁接繁殖等。目前，蓝莓组织培养工厂化育苗技术在我国已经完全成熟，成为我国蓝莓育苗的主要方式。为蓝莓产业的发展提供了大量优质无毒苗木。由于组培方法需要的技术条件高，投入成本较大，因此在我国目前的小型育苗中主要采用绿枝扦插的方法。

一、如何进行硬枝扦插？

蓝莓在生产上通常采用扦插繁殖方法。蓝莓扦插繁殖因种而异，高丛蓝莓主要采用硬枝扦插（图 4-1），兔眼蓝莓采用绿枝扦插，矮丛蓝莓绿枝扦插和硬枝扦插均可。

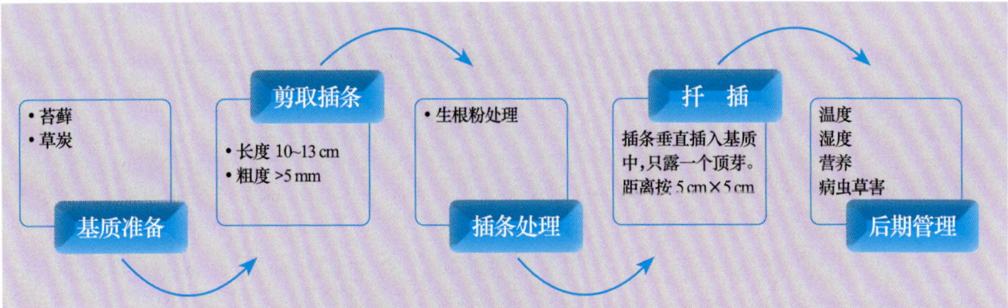

图 4-1　硬枝扦插流程

硬枝扦插

主要应用于高丛蓝莓。但因品种不同，生根难易不同。蓝线、卢贝尔、泽西硬枝扦插生根容易，而蓝丰生根则困难。

（1）剪取插条的时间　剪取插条在春季萌芽前（一般 3—4 月份）进行，随剪随插，可以省去插条贮存。大量育苗时需提前剪取插条，一般枝条萌发冷温需要量为 800~1 000 h，因此，剪取的时间应确保枝条已有足够的冷温需要量积累。一般 2 月比较合适。

（2）插条选择　插条应从生长健壮、无病虫害的树上剪取。硬枝插条可在冬季修剪果树时剪取，也可在扦插前剪取。插条应选生长健壮枝条的中部和下部，选择枝条硬度大、成熟度良好且健康的枝条，尽量避免选择徒长枝，髓部大的枝条和冬季发生冻害的枝条。

蓝莓花芽枝生根率往往较低，而且根系质量差。插条位于枝条上的部位对生根率影响显著，枝条的基部作为插条，无论是营养枝还是花芽枝，生根率都明显高于上部枝条作插条。因此，应尽量选择枝条的中下部进行扦插。

若在果园中有病毒病发生，取插条树离病树至少应在 15 m 以上。顶部带花芽的或不充实的部分不用，细弱枝不用。插条的长度一般为 8~10 cm，稍长一些也可以。较长的插条成活后成苗较快，但枝条用量较大。削插条工具要锋利，切口要平滑。上部切口为平切，下部切口为斜切。下切口正好位于芽下，这样可以提高生根率。插条切完后每 50~100 根 1 捆，暂时用湿河沙等埋地。

(3) **插条处理** 插条剪取后每 50~100 根 1 捆，埋入锯末、苔藓或河沙中，温度控制在 2~8 ℃、湿度 50%~60%。低温贮存可以促进生根。

(4) **扦插床的准备** 扦插可以在田间直接进行，扦插基质铺成 1 m 宽、25 cm 厚的床，长度根据需要而定。但这种方法由于气温和地温低，生根率较低。

应用最多而且比较廉价的是木制结构的架床。用木板制成约 2 m 长、1 m 宽、40 cm 高的木箱，木箱底部钉有 0.3~0.5 cm 筛眼的硬板，木箱用圆木架离地面。采用这种方法可以有效增加基质温度，提高生根率。

扦插后，扦插床或扦插箱可以直接设在地中，有条件时最好设置拱棚。拱棚以无颜色塑料薄膜覆盖为好。设置拱棚时注意温度控制，在 5—6 月棚内温度过高时，应进行遮阳，及时放风降温。

(5) **扦插基质** 扦插前首先要准备好扦插基质。河沙、锯末、草炭、腐苔藓等均可作为扦插基质。比较理想的扦插基质为腐苔藓、草炭与河沙(1 ∶ 1)的混合基质或草炭与锯木屑、苔藓 1 ∶ 1 ∶ 1 的混合基质。基质一定要拌均匀，如果基质较干，则务必加水使其湿润。用多菌灵对基质消毒对减少插条基部腐烂有一定效果。准备好的基质可以直接放入扦插池或装入小塑料盆或营养钵中。在硬枝扦插中，基质越疏松越好。

(6) **生根剂处理** 对不易生根的品种可以采取浸蘸生根粉的方法来提高生根率，生根剂的使用方法分为低浓度慢浸和高浓度速蘸。慢浸法是将插条基部 3~5 cm 用 100~200 mg/L 的萘乙酸或吲哚乙酸、吲哚丁酸浸泡 24 h。对容易生根的品种采取速蘸的方法，对插条基部用浓度 1 000~2 000 mg/L 的萘乙酸或吲哚乙酸溶液处理 3~5 s。也可使用 ABT1 生根粉或国光生根粉等，但要注意不同品种生根难易不同，使用浓度也有差别，可通过查阅文献资料参考使用浓度或先进行小规模试验后再确定合理的使用浓度。

(7) **扦插** 上述工作准备就绪后，将基质浇透水保证湿度但不要积水，将插条垂直插入基质中，只露一个顶芽(图 4-2)。插条距离按 5 cm × 5 cm，扦插不要过密，过密一是造成生根后苗木发育不良，二是容易引起细菌侵染，使插条或苗木腐烂。高丛蓝莓硬枝扦插时，一般不需要用生根剂处理，许多生根剂对硬枝扦插生根作用很小或没有作用。

(8) 扦插后的管理

①立拱盖膜覆网　扦插后为了保持湿度，可以在插床上方设立小拱棚，拱棚高度高于扦插床 50~60 cm，然后覆盖透光性好的塑料薄膜。为了防止日照过强，需要在棚膜上覆盖透光率为 50% 左右的遮阳网。

②湿度管理　扦插后应经常浇水，以保持土壤湿度，但应避免浇水过多或浇水过少。在阳光下放置时间过长，水温较高时应等水凉之后再浇，以免伤苗。水分管理最关键的时期是 5 月初至 6 月末，此时叶片已展开，但插条尚未生根，水分不足容易造成插条死亡。当顶端叶片开始转绿时，意味着插条已开始生根。

③温度及光照管理　扦插后白天拱棚内适宜温度为 22~28 ℃，夜晚温度应不低于 8 ℃。当温度超过 28 ℃时应及时揭膜降温；夜晚若低于 8 ℃，应加盖覆盖物保温。中午光照过强、温度过高时，应及时覆盖遮阳网，通过遮阳来控制拱棚内温度。

图 4-2　蓝莓硬枝扦插

④营养管理　扦插前基质中不要施任何肥料，扦插后生根以前也不要施肥。插条生根以后开始施入肥料，以促进苗木生长。施肥应以液态施入，用13—26—13或15—30—4完全肥料，浓度约为3%，每周1次，每次施肥后喷水，将叶面上的肥料冲洗掉，以免伤害叶片。

⑤病虫害防治　扦插育苗期间主要采用通风和去病株方法来控制病害。大棚或温室育苗要及时通风，以减少真菌病害和降低温度。每隔15 d左右，向基质和小苗上喷洒50%多菌灵粉剂500~700倍液。

⑥撤膜及遮阳网　扦插后第60 d前后，插条基部已经发生一定数量的根系，此时外界气温已经较高，可以撤去薄膜和遮阳网，促进根系生长、新梢的发育及充分木质化。

⑦苗木防寒越冬　生根的苗木一般在苗床上越冬，也可以于9月份进行移栽抚育。如果生根苗在苗床越冬，在入冬前苗床两边应培土。

二、如何进行绿枝扦插？

绿枝扦插主要应用于兔眼蓝莓、矮丛蓝莓和高丛蓝莓中硬枝扦插生根困难的品种，这种方法相对于硬枝扦插要求条件严格，且由于扦插时间晚，入冬前苗木生长较弱，因而容易造成越冬伤害。绿枝扦插生根容易，可以作为硬枝扦插的一个补充（图4-3）。

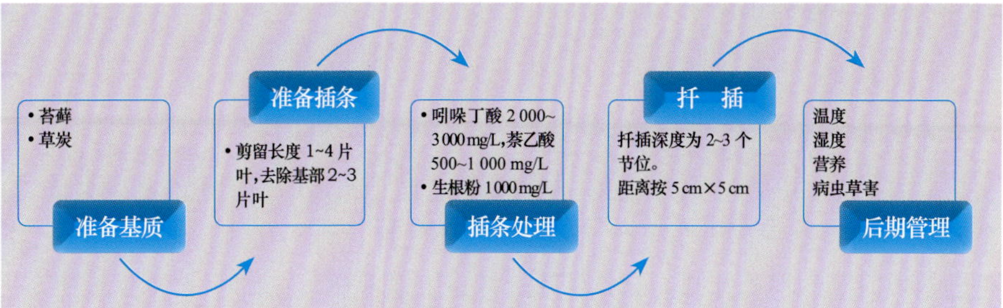

图4-3　绿枝扦插流程

1. 剪取插条时间

蓝莓剪取插条在生长季进行，由于栽培区域气候条件的差异没有固定的时间，主要从枝条的发育来判断。比较合适的时期是在果实刚成熟时，此时产生二次枝的侧芽刚刚萌发。另外一个判断标志是新梢的黑点期，此时新梢处于暂时停长阶段。在以上时期剪取插条生根率可达 80%~100%，过了此期后剪取插条生根率将大大下降。

在新梢停长前约 1 个月剪取未停止生长的春梢进行扦插不但生根率高，而且比夏季剪插条多 1 个月的生长时间，一般到 6 月末时即已生根。用未停长的春梢扦插，新梢上尚未形成花芽原始体，第 2 年不能开花，有利于苗木提高质量。而夏季停止生长时剪取插条，花芽原始体已经形成，往往造成第 2 年开花，不利于苗木生长。因此，春梢形成时即可剪取插条。插条剪取后立即放入清水中，避免捆绑、挤压、揉搓。

2. 插条准备

插条长度因品种而异，一般至少留 4~6 片叶，插条充足时可留长些，如果插条不足可以采用单芽或双芽繁殖，但以双芽较为适宜，留双芽既可提高生根率，又可节省材料。扦插时为了减少水分蒸发，可以去掉插条上部 1~2 片叶。枝条下部插入基质，枝段上的叶片去掉，以利于扦插操作。但去叶过多影响生根率和生根后苗木发育。同一新梢不同部位作插条生根率不同，新梢基部作插条生根率比中上部低。

3. 生根促进物质的应用

蓝莓绿枝扦插时用药剂处理可大大提高生根率。常用的药剂有萘乙酸、吲哚丁酸及生根粉。采用速蘸处理，浓度为萘乙酸 500~1 000 mg/L、吲哚丁酸 2 000~3 000 mg/L、生根粉 1 000 mg/L 可有效促进生根。

4. 扦插基质

在美国蓝莓产区，最常用的扦插基质是草炭：河沙(1 ∶ 1)或草炭：珍珠岩(1 ∶ 1)，也可单纯用草炭扦插。我国蓝莓育苗中采用的最理想的基质为草炭。草炭作为扦插基质有很多优点，草炭疏松，通气好，而且为酸性，营养比较全，作扦插基质时其酸性可抑制大部分真菌。扦插生根后根系发育好，苗木生长快。

5. 苗床准备

苗床设在温室或塑料大棚内，在地上平铺厚 15 cm、宽 1 m 的苗床，苗床两边用木板或砖挡住。也可用育苗塑料盘，装满基质。扦插前将基质浇透水。在温室或大棚内最好装配全封闭弥雾设备，如果没有弥雾设备，则需在苗床上扣高 0.5 m 的小拱棚，以确保空气湿度。如果有全日光弥雾装置，绿枝扦插育苗可直接在田间进行。

6. 扦插及插后管理

苗床及插条准备好后，将插条用生根药剂速蘸处理，然后垂直插入基质中，间距以 5 cm × 5 cm 为宜，扦插深度为 2~3 个节位（图 4-4，图 4-5）。

插后管理的关键是温度和湿度控制。最理想的是利用自动喷雾装置，利用弥雾调节湿度和温度。温度应控制在 22~27 ℃，最佳温度为 24 ℃。特别要加强水分管理，因为枝条嫩，夏季温度高，水分供应不足会使插条发生失水，而过湿又容易引起病害和腐烂，要特别处理好保湿和通风的关系。最初可使用薄膜覆盖和遮阳，在插床的一端设置通风扇以保证适当的通风，防止发生水滴凝集。但通风过分又会引起插条失水凋萎，也须防止。每 10 min 喷雾 3 s 的间歇喷雾保湿效果很好。在床温超过 22 ℃时必须保持插条的叶面不干，低于 22 ℃时暂停喷雾。一般是白天喷雾和通风，夜间停止。喷雾用水水质很重要，不能用塘水。微酸性水最好，不可含盐。

如果是在棚内设置小拱棚，需人工控制温度和湿度，为了避免小拱棚内温度过高，需要半遮阳。生根前需每天检查小拱棚内温度和湿度，尤其是中午，需要打开小拱棚通风降温，避免温度过高造成苗木死亡。生根后，撤去小拱棚，此时浇水次数也适当减少。及时检查苗木是否有真菌侵染，发现被侵染的苗木时将腐烂苗拔除，喷 600 倍多菌灵杀菌，控制真菌的扩散。注意病虫害的防治，若发现虫孔，浇灌辛硫磷，每 7 d 喷施杀菌剂 1 次。

7. 促进绿枝扦插苗生长的技术

扦插苗生根后（一般 6~8 周），开始施肥，施完全肥料，溶于水中以液态浇入苗床，浓度为 3%~5%，每周施 1 次。

图 4-4 蓝莓绿枝扦插

图 4-5 蓝莓绿枝扦插

绿枝扦插一般在6—7月份进行，生根后到入冬前只有1~2个月的生长时间。入冬前，在苗木尚未停止生长时，给温室加温，利用冬季促进生长。温室内的温度白天控制在24 ℃，晚上不低于16 ℃。

8. 苗木抚育

经硬枝扦插或绿枝扦插的生根苗，于第2年春移栽进行人工抚育。比较常用的方法是用营养钵。栽植营养钵可以是草炭钵、黏土钵、泥土钵和塑料钵，但以草炭钵最好，苗木生长高度和分枝数量都高。营养钵大小要适当，一般以12~15 cm口径较好。营养钵内基质用草炭（或腐苔藓）与河沙或珍珠岩按1 ∶ 1混合配制，并加入硫黄粉1 kg/m^3，苗木抚育1年后再定植。

9. 休眠与越冬

扦插的蓝莓苗需要在大棚内越冬，贮藏期间注意保湿防鼠。经硬枝扦插或绿枝扦插的生根苗，于第2年春移栽进行人工抚育。

10. 苗圃管理

第2年苗圃管理以培育大苗壮苗为目的，应注意以下环节：①经常灌水，保持土壤湿润；②适当追施氮磷钾复合肥，促进苗木生长健壮；③及时除草；④注意防治红蜘蛛、蚜虫以及其他食叶害虫；⑤8月下旬以后控制肥水、促进枝条成熟。

11. 苗木出圃

10月下旬以后，将苗木起出、分级，注意防止机械损伤，保护好根系。

12. 绿枝扦插后插条的正常变化和不良反应

在绿枝扦插过程中，插条在外表上有多种变化与生根有关系。

扦插后，叶片的颜色会稍微变黄，插条的基部会有一个宽度不超过0.5 cm的环形突起，这是根系将要长出的位置。生根剂处理过的插条叶色变黄更加明显，下部的叶片有脱落的现象，这是处理有效的反应，不必担心。

有些绿枝插条的顶端有少量尚未木质化的部分，这部分在阳光较强烈时可能会出现轻微萎蔫。若半木质化部分的枝条出现明显的褶痕状的小沟，则是失水过多的表现，因失水而形成的这种痕迹复水后不会消失。对于发育较为成熟的插条，有较高程度的木质化，叶片已成为革质，失水较多时短时间内从叶片上看不出来，而在枝条表面会留下许多纵向的脊和沟相间的条纹，这种条纹复水后也不易恢复。失水较多后叶片往往会突然变黄，这种变黄和生根剂处理后的变黄是不一样的。后者是自基部叶片开始向上发展，而且有一个渐进的过程；而前者全部叶片一起变黄，而且变化突然。失水造成的伤害直接影响生根，会造成生根迟缓，严重者插条逐渐干枯死亡。

绿枝插条顶端的侧芽若在扦插后不久(1~2 周)即开始萌动或发芽，有时会误以为是扦插成活的表现，其实这对生根是不利的。早期的侧枝生长越旺盛，生根越困难，越需要更长的时间。这种侧芽过早萌发的现象和生根后正常萌发是有区别的。前者所产生的侧枝往往因营养缺乏而发生黄变，后者产生的侧枝往往叶色正常，是根系发育充分的表现。侧芽过早萌发时侧枝生长较旺盛的插条往往还伴随基部不同程度的腐烂。

插条基部腐烂也是一种不利于生根的反应。基部腐烂并不总是水分过多或排水不良，它和侧芽过早萌发一样，主要由插条的生理状态决定的。如果腐烂程度较轻，插条仍然能够生根，只是生根时间会大大延长；如果腐烂较严重(如达基部 2 cm 以上)，而且有加重的趋势，则应尽早处理掉，以便腾出空间继续插新条。有趣的是，有时腐烂不仅不是因为水分过多，而且还会因失水过度所致。这是因为虽然失水严重，但尚不足以使枝条突然干枯，但插条已严重受害，生活力下降，其插入基质的部分因较湿润而腐烂发黑。若出现因失水而导致的基部腐烂现象，则插条已无生根成活的希望，应尽早清理掉。

三、如何进行植物组织培养？

1. 植物组织培养的含义

植物组织培养是指在无菌条件下，将离体的植物器官、组织、细胞或原生质体，培养在人工配制的培养基上，人为控制培养条件，使其生长、分化、增殖，发育成完整植株或生产次生代谢物质的过程和技术。由于组织培养是在脱离植物母体的条件下进行的，所以也称离体培养。凡是用于离体培养的细胞、组织或器官(如茎尖、叶、花粉等)统称为外植体。

2. 植物组织培养的基本理论

植物组织培养的理论依据是细胞全能性。所谓细胞全能性就是指植物体的任何一个有完整细胞核的活细胞都具有该种植物的全套遗传信息和发育成完整植株的潜在能力。植物细胞的全能性是潜在的，要实现植物细胞的全能性，必须具备一定的条件：①体细胞与完整植株分离，脱离完整植株的控制；②创造理想的适宜细胞生长和分化的环境，包括营养、激素、光、温、气、湿等因子。只有这样，细胞的全能性才能由潜在变为现实。植物的离体组织、器官、细胞或原生质体在无菌、适宜的人工培养基和培养条件下培养，满足了细胞全能性表达的条件，因而能使离体培养材料发育成完整植株。在自然状态下完整植株不同部位的特化细胞只表现出一定的形态与生理功能，构成植物体组织或器官的一部分，这是因为细胞在植物体内所处的位置及生理条件不同，其分化受到各方面的调控，某些基因受到控制或阻遏，致使其所具有的遗传信息得不到全部表达的缘故。

3. 植株再生过程

植株再生的过程即为植物细胞全能性表达的过程，一般经过脱分化和再分化两个阶段。一般所说的细胞分化是指细胞在分裂过程中发生结构和功能上的改变，逐渐失去分裂能力，形成各类植物组织和器官。由种子萌发到长成完整植株，这是胚性细胞不断分裂和分化的结果。所谓脱分化正好与分化过程相反，是指植物组织培养中构成离体植物器官和组织的成熟细胞或已分化的细胞转变成分生状态的过程，即诱导成为愈伤组织的过程，其特征是已失去分裂能力的细胞重新获得了分裂能力。所谓愈伤组织是指在人工培养基上经诱导后外植体表面上长出的一团无序生长的薄壁细胞。脱分化的难易程度与植物的种类、组织和细胞的状态有关。一般单子叶植物比双子叶植物难，成熟的植物细胞和组织比未成熟的植物细胞和组织难，单倍体细胞比二倍体细胞难。所谓再分化是指由脱分化的组织或细胞转变为各种不同的细胞类型，由无结构和特定功能的细胞团转变为有结构和特定功能的组织和器官，最终再生成完整植株的过程。

4. 植物组织培养的一般工作程序

植物组织培养的完整过程一般分为制定培养方案、外植体选择与处理、接种、初代培养、继代培养、壮苗与生根培养、试管苗的驯化移栽等技术环节（图 4-6）。

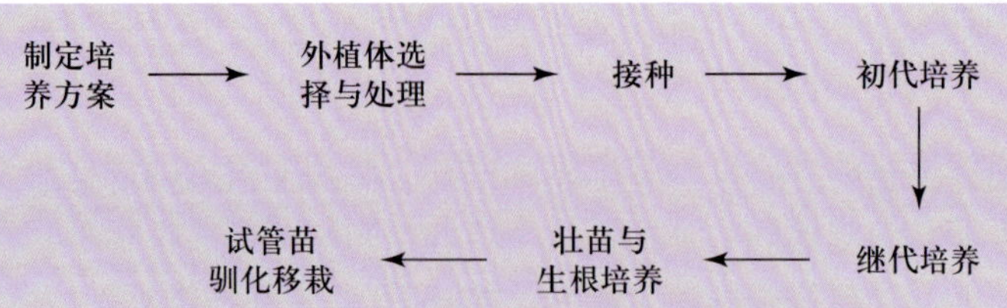

图 4-6　组织培养的一般工作过程示意图

5. 蓝莓组培育苗

植物组织培养方法已在蓝莓繁殖上获得成功，应用组织培养方法繁殖速度快，适宜优良品种的快速扩繁(图 4-7)。

(1) 外植体的选取 适宜用作蓝莓组织培养的外植体材料有茎尖、茎尖生长点、茎段、腋芽、幼叶及叶柄等。生产上蓝莓组织培养快繁主要采取茎尖或茎段作为外植体材料。茎尖可以进行脱毒处理培育无毒苗木。

在采取茎段为外植体材料时，要注意采集的时期，在北方地区，一般于蓝莓生长季节选择健壮、无病虫害的半木质化新梢，采取外植体应在天气连续晴好3~4 d 后进行，选择晴天上午采集枝条。每年 3—5 月份取材。

(2) 消毒和接种 采取的外植体材料用洗涤剂和自来水冲洗干净，切成1.0~1.5 cm 长的枝段。用饱和洗衣粉溶液清洗 10 min 后，再用自来水冲洗10 min，在超净工作台上进行消毒处理。用 70% 酒精溶液灭菌 1 min，0.1% 升汞灭菌 5~10 min，无菌水冲洗 5 次。采用单芽茎段诱导时，灭菌后应切去芽段两端 1.5 mm，将单芽接种在改良 WPM 培养基中。注意不要下端朝上。动作要快，尽量减少材料与空气的接触时间，减少褐变，提高成活率。接种好的材料在温度20~30 ℃、光照 12 h/d 条件下进行培养。

(3) 诱导培养 用改良 WPM 培养基，温度 20~30 ℃，光照 12 h，30 d 后可长出新枝。

(4) 继代培养 初代培养 30 d 后进行继代培养，将初代培养材料转接到新鲜培养基上，45~50 d 为 1 个周期。温度 20~30 ℃，光照 2 000~3 000 lx，6~12 h/d。

(5) 炼苗 将准备瓶外生根的瓶苗放在强光下，逐渐打开瓶口，经常转动瓶身，使之适应外界条件。一般需 7~15 d 时间。

(6) 瓶外生根 由于试管内生根后需要炼苗，而且生根苗的根系长在培养基中，移栽比较复杂，对根系的破坏性大，因此有人曾试验让幼枝在试管外生根。注意要提前进行炼苗，提前 3 d 打开组培瓶瓶盖进行过渡，让组培苗逐渐适应外界环境。生产上一般在温室或冷棚内生根，时间在 3—6 月份最佳。其做法是：

图 4-7 蓝莓组织培养苗

当幼枝在生根培养基中培养至即将生根时即从试管中取出，转移至移栽基质中，然后按照全光照扦插的方式进行管理，取得了较好的效果，也有人不经过生根培养基，而将增殖后的幼枝切成 5~10 cm 的枝段，然后经用 1 000~2 000 mg/L 的 IAA 或生根粉速蘸处理后直接扦插于基质上。

(7) 扦插后管理 在育苗温室或冷棚外用遮阳网遮光，然后扦插，扦插后扣上小拱棚，如果能够保持空气湿度，也可以不扣小拱棚。温度控制在 20~28 ℃，最低 16 ℃，最高不超过 35 ℃，高于 35 ℃时，需放风或喷水降温。空气湿度保持在 90% 左右，培养 15~20 d 即可生根。生根后 1 个月小拱棚放风，并逐渐撤去拱棚，每隔 10~15 d 浇施 0.2% 硫酸铵、0.2% 硫酸亚铁 1 次。一直到翌年 9 月份停止施肥。9 月份以后，撤掉温室或冷棚外的遮阳网，增加光照，使苗木生长充实健壮，直到越冬前休眠，即为 1 年生苗。

(8) 越冬休眠 1 年生苗木可以直接在温室或冷棚内越冬。东北地区入冬前需要将苗木贮存起来，第 2 年移栽到营养钵里进行抚育。

如果利用日光温室进行育苗，当年 9 月份至翌年的 3 月份均可进行扦插，以后随着气温逐渐升高，5 月中旬开始进行炼苗，温室应逐渐放风，直到全部打开，需 20~30 d。此时，幼苗高度 20~30 cm，有 3~5 个分枝，即可进行露地抚育，将苗木移栽到 12~15 cm 口径的营养钵中。营养土按照园土：草炭为 1 ∶ 1 或 2 ∶ 1 配置，加入适量的有机肥，同时加入硫黄粉 1~1.5 kg/m³。到秋季可培育成大苗，即可定植。

四、如何进行嫁接繁殖?

嫁接繁殖常应用于高丛蓝莓和兔眼蓝莓，方法主要是芽接，嫁接应在木栓形成层活动旺盛，树皮容易剥离时进行。其方法与其他果树芽接基本一致。

1. 砧木和接穗的准备

(1) 砧木 蓝莓嫁接繁殖可用同种或同属的实生苗作为砧木。国外有时将兔眼蓝莓嫁接在臼莓（*Vaccinium aboreum*）上。国内有报道采用与越橘同科同属的乌饭树（*Vaccinium bracteatumThunb.*）作砧木嫁接高丛蓝莓的试验。用乌饭树嫁接高丛蓝莓亲和力较强，嫁接口愈合良好，成活率达 72.6%~88.7%；通过乌饭树嫁接的高丛蓝莓，表现出比扦插苗更强的适应性和抗逆性，以及更好的生长势和结果表现；用乌饭树嫁接的高丛蓝莓，能消除或减轻缺磷、缺镁、缺铁等缺素症的发生。乌饭树资源丰富，且扦插也较蓝莓容易，成活率可达 74.3%。因此，利用乌饭树嫁接蓝莓简便易行。特别是对栽培商品价值较高而采用组织培养等其他繁育方法相对不易、南方栽培相对较难的高丛蓝莓，有更大的应用价值。

利用兔眼蓝莓作砧木嫁接高丛蓝莓，可提高蓝莓对土壤的适应性。可以在不适于高丛蓝莓栽培的土壤上（如山地、pH 较高土壤）栽培高丛蓝莓。国外也会选择适宜的砧木，通过嫁接来实现蓝莓的乔化栽培。如果采用实生苗作为嫁接砧木，作砧木的实生苗必须达到一定的粗度，一般直径不低于 6 mm。

(2) 接穗　接穗宜选择粗壮的 1 年生营养枝中下部无花芽的粗壮部分。若以枝条上部细弱部分作接穗，则苗木生长势较弱，成苗较慢。接穗可在嫁接当时采截，也可在冬季修剪树体时提前选取。提前选取的枝条一定要放在保湿和通风的环境中，可放在湿沙中于阴凉处保存，像处理种子一样，避免将做接穗的枝条放在温暖处，以防提前发芽。

2. 嫁接的方法和时期

蓝莓适宜的嫁接方法有枝接（劈接、切接、腹接）和“T”形芽接 2 种。枝接法宜在早春进行，“T”形芽接一般在夏末秋初进行。

(1) 绿枝劈接　接穗与砧木的选择，接穗要半木质化。砧木要稍粗于接穗的 2 年生营养钵苗（图 4-8，图 4-9）。嫁接方法与步骤如下。

①削接穗。用劈接刀在接穗芽的下方削成楔形，一面薄一面厚，削口长度在 1 cm 左右，留 2~3 个芽，顶端用油漆封顶。

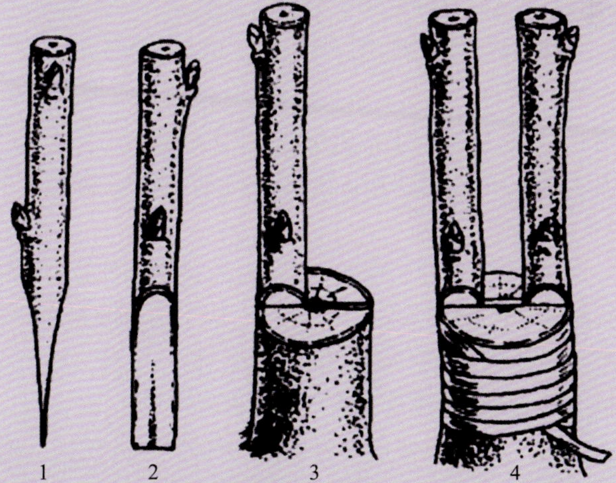

图 4-8　劈接

1. 接穗削面侧视　2. 接穗削面正视　3. 插入接穗　4. 绑扎

图 4-9　蓝莓劈接

②劈砧木。在砧木表面 2 cm 左右选光滑处剪断，剪口要平整，用劈接刀劈砧木，劈口深度略长于接穗削口长度。

③嵌合。将接穗插到砧木切口里，薄面朝里，厚面朝外，形成层对齐。

④绑缚。用嫁接塑料条绑严，防止失水与漏水。

(2) 嵌芽接　嫁接方法与步骤(图 4-10)。

①接芽与砧木的选择。在生长壮、半木质化的枝条上选择饱满的芽做接芽，砧木要粗于取芽的枝条，并达到半木质化。

②取芽。用芽接刀在芽的上方 0.5 cm 处斜向下切入，在芽的下方 0.5 cm 处呈 45° 向下切入，将芽取下保湿。

③削砧木。将选作砧木的表面 5 cm 以内的芽全部抹掉，在 2 cm 处选平滑面斜向下切，在上切口下 1.5 cm 左右斜向下切，取下切口废弃物。

④嵌合。将接芽嵌合到砧木切口里，形成层对齐。

⑤绑缚。一定要紧，一旦失水或漏水就难以保证成活率。

⑥嫁接注意事项。一是嫁接速度要快，在保证质量的前提下越快越好，尽量减少削口与切口失水。二是削口一定要光滑，否则会影响愈伤组织的形成。三是形成层要对齐，嫁接的关键就是形成层对齐，只有形成层对齐才能保证嫁接成活率。四是绑缚一定要紧，一旦失水或漏水就难以保证成活率。

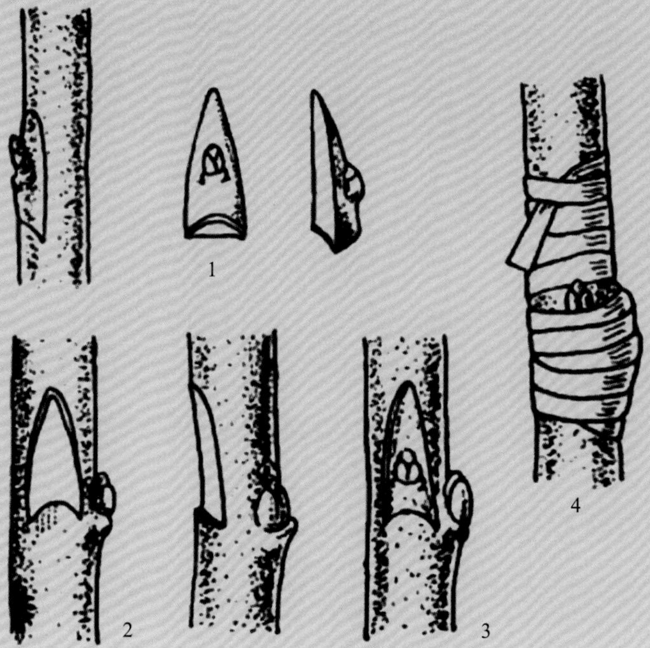

图 4-10　嵌芽接

1. 削接芽　2. 削砧木　3. 嵌入接芽　4. 绑扎

(3) **"T"形芽接**　"T"形芽接砧木切成"T"形，芽片为盾形，又称盾形芽接(图4-11)，具体步骤如下。

①削芽片。选接穗上的饱满芽做接芽。先在芽的上方 0.5 cm 处横切一刀，深达木质部，然后在芽的下方 1 cm 处下刀，由浅入深向上推刀，略倾斜向上推至横切口，用手捏住芽的两侧，轻轻一掰，取下一个盾形芽片，注意芽片不带木质部。

②切砧木。在砧木距离地面 3~5 cm 处，选择光滑无疤部位，用刀切一"T"形切口。方法是先横切一刀，宽 1 cm 左右，再从横切口中央向下竖切一刀，长 1.5 cm 左右，深度以切断皮层不伤及木质部为宜。

③嫁接。用刀尖或嫁接刀的骨柄将砧木上"T"形切口撬开，将芽片从切口插入，直至芽片的上方对齐砧木横切口。

④绑缚。芽片和砧木嵌入后，用塑料带从上绑缚，逐渐向下缠，露出芽和叶柄，不要留缝隙，绑缚要松紧适度，不要压伤芽片。

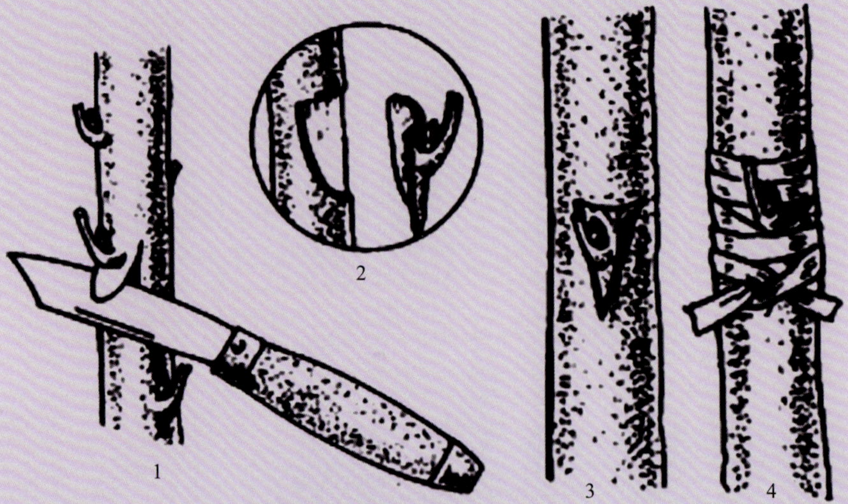

图 4-11 "T"形芽接

1. 削接穗芽片　2. 取下的芽片　3. 在切好的砧木上插入芽片　4. 绑缚

3. 嫁接后的管理

(1) 芽接　芽接苗成活后，应尽快松绑（解掉接口处的捆绑物）。如果嫁接时间较早，可将成活的接芽以上的砧木剪掉（简称剪砧），刺激接穗萌发，当年有可能成苗；如果嫁接时间较晚，则松绑后暂不剪砧，可到翌年春季再剪砧。剪砧后的苗木应注意经常除萌（剪除砧木萌生的枝条），抑制砧木萌生枝条的生长，以保持接穗的生长优势。

(2) 枝接　枝接成活后接穗即开始抽生新梢，而且可能生长得很快。如果嫁接口愈合得较好，则高接换种的接穗生长得更快。用单芽切接进行兔眼蓝莓的高接换种时，当年接穗所抽生的新梢长度可达 1 m，而且有较多分枝。这时接口处砧木和接穗的连接处组织的强度还不够，很难承受快速生长的接穗，尤其是遇到大风天气则更容易在接口处折断。因此，用切接方法枝接的，接穗成活后不宜过早地松绑，而应等到接口充分发育后才能松绑。如果延迟松绑，苗木绑缚处的加粗生长会受到限制，在绑缚较紧的部位形成明显的缢痕，此处也很容易折断。一般春季枝接成活的嫁接苗可以在 6—7 月份松绑。此时生长旺盛的接穗仍然比较脆弱，极易发生折断现象，因此最好是先加固后松绑。加固的方法是：选适当粗度的小木棒，一端牢固地绑在砧木上（接口以下）或固定在地上，另一端将接穗（接口以上）绑牢，待接口愈合充分牢固、足以支撑接穗后再松绑。

嫁接成活除萌是嫁接苗管理的重要事项，成苗前要经过 3 次除萌，分别在嫁接后 20~30 d、50~60 d、90~100 d 进行。如不及时除萌或对砧木上萌发的枝条不抑制，嫁接成活的接穗生长会受到严重影响，甚至在生长优势竞争中会被砧木所发枝条淘汰。但早期对砧木上的萌生枝条不需完全清除，可留一部分作为辅养枝（生产营养，供接穗生长）。对留存的这些辅养枝的生长可通过摘心、扭梢等进行控制，以保证接穗的生长优势。当接穗长到一定的程度，营养能够“自给自足”时，才可以将砧木上萌发的枝条全部清除。嫁接苗一定要保证水分供应，土壤含水量在 60% 左右。适宜的温度范围为 20~25 ℃。刚刚嫁接的苗最好先用 50% 遮阳率的遮阳网遮上，待 5~7 d 后逐渐撤掉。

五、其他繁殖方法有哪些？

蓝莓苗木的其他繁殖方法主要还有实生繁殖（图 4-12）、根插和分株。

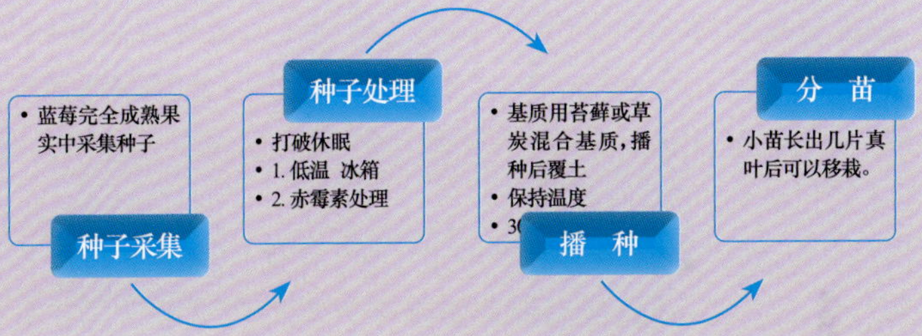

图 4-12 蓝莓实生繁殖流程

1. 实生繁殖

种子有生活力，但即使给予适宜的环境条件仍不能发芽，此种现象称为种子的休眠。种子休眠是长期自然选择的结果。在温带，春季成熟的种子立即发芽，幼苗当年可以成长。秋季成熟的种子则要度过寒冷的冬季，到第 2 年春季才会发芽，否则幼苗在冬季将会被冻死，如许多落叶果树的种子具有自然休眠的特性。造成种子休眠的原因主要有种皮或果皮结构障碍、种胚发育不全、化学物质抑制等。种子的休眠有利于植物适应外界自然环境以保持物种繁衍，但是这种特性对播种育苗会带来一定的困难。种子需要在低温潮湿的环境中通过后熟过程才能萌发。

经研究认为，层积、化学药剂和激素可以打破种子的休眠，促使种子萌发。

层积的方法是被人们最常使用的打破种子休眠的有效途径。对由于内含萌发抑制物质导致生理休眠种子的效果特别显著。层积包括变温层积与低温层积，低温层积对于强迫休眠和生理休眠都适宜，低温层积必须满足适宜的湿度、0~5 ℃的低温（因树种而异）、适度的通气和一定的时间。有效打破种子休眠的植物激素有：GA、KT、乙烯利、IAA 等，采用一些物理的方法有效地解决由于种皮过硬而影响休眠的种子。很多植物的种子休眠是不同条件制约造成的，这需要多种途径配合使用。

(1)**种子采集**　种子是良种壮苗的基础，直接关系到出苗率的高低、苗木质量。因此，对种子的采集一定要保证质量。要做到采种母树品种纯正，生长健壮，结果良好，无病虫害等。采种时，要把握好种子的成熟度，充分成熟的种子才能使用。

(2)**种子处理**　蓝莓果实成熟以后，应立即进行处理，否则会因为发热、发霉等原因，降低种子质量，甚至完全丧失生命力而无法使用。首先将采下的蓝莓果实捣碎，置于水中进行漂洗，除去果皮、果肉和较瘪的种子，将剩下的饱满种子在阴凉通风处晾干后收集保存，注意不要曝晒在阳光下。种子也可以不晾干，放在冰箱冷藏室内保存。但湿种子的保存温度切不可过低，因为种子尚未休眠，含水量较高、温度过低会冻坏种子，使其丧失生活力。如果保存时间较长，则要注意不仅要保湿，而且要经常透气。矮丛蓝莓种子取出后最好立即播种。如果不能立即播种，则要保湿，以防种子进入休眠。种子一旦失水被迫进入休眠，则需 2 年的时间才能打破休眠。

兔眼蓝莓和高丛蓝莓的种子如果经过干燥，在播种前需进行层积处理。可以将种子和湿沙混合在一起，低温保存 1~2 个月后即可播种。层积处理可以在自然环境下，也可以在冰箱冷藏室中进行。

据报道，用赤霉素处理种子可以促使种子萌发，甚至可以使种子在黑暗的情况下萌发。赤霉素浓度可以在 100~1 000 mg/kg，在高浓度下处理的时间不宜过长。

(3)**播种**　播种前的土壤管理对出苗率及幼苗的生长状况影响很大。土壤准备主要包括防治病虫草害的土壤处理、整地作畦等任务。播种前，最好用蒸汽处理土壤进行土壤消毒，更重要的是杀灭土壤中的草籽。但不可在烘箱中烘烤，以防泥炭燃烧。

育苗土壤最好选用酸性、疏松透气、保水透水性能好的土壤，也可用泥炭藓作为播种基质，效果很好，但移栽较困难，而且在很多地方泥炭藓不容易获得。用泥炭和珍珠岩或泥炭和沙子的混合物作为播种基质效果也很好。播种前将播种基质放于播种盆或育苗盘中压平，因为蓝莓种子较小，所以播种方法采用撒播的方式，将蓝莓种子均匀地撒在基质上，在种子上再均匀地撒上一层石英砂，石英砂的厚度以2~3 mm为宜(图4-13)。然后用喷雾器浇透水。播种后,播种盆最好放在自动喷雾的环境下。如果没有自动喷雾装置,可在播种盆的上面盖上玻璃或置于小拱棚内,并经常对盆土进行人工喷雾,以便保湿。

图4-13 蓝莓种子播种

蓝莓播种温度以10~30 ℃的变温为好,而在17 ℃的恒温下种子不能发芽。实际上,在春季播种时这种变温条件在自然环境下很容易得到,而不需要刻意进行控制。蓝莓种子萌发需要的时间较长,需1~2个月,甚至2个月以后仍有陆续出土的。在这期间一定要保证适宜的温度、湿度、光照和通风,而且要防止杂草滋生。

(4) 幼苗管理 大部分幼苗出土后,即可将盖在育苗盆上的玻璃移开,并挪离自动喷雾的环境。这时应避免过分潮湿的环境,以防止幼苗因湿度过大而产生病害(图4-14)。

图4-14 种子萌发后的蓝莓幼苗

实生苗较弱小，生长缓慢，需及时防除杂草。当实生苗长到足够大时(一般在出土后2个月左右)，或幼苗已显得较为拥挤时，应及时移栽。移栽时不要损伤幼苗，并要多带土。移栽后要适当遮阳数日，或放在自动喷雾环境下，直至根系恢复生长。

种子繁殖容易产生变异，不能完全保持母本的优良性状，在生产上要慎用。但可以通过种子繁育新品种。

2. 根插

适应于矮丛蓝莓。于春季萌芽前挖取根状茎，剪成5 cm长的根段，育苗床或盘中先铺一层基质，然后平摆根段，间距5 cm，然后再铺一层厚2~3 cm的基质，根状茎上不定芽萌发后即可成为一株幼苗。

3. 分株

适应于矮丛蓝莓。许多矮丛蓝莓品种如美登、斯卫克根状茎每年可从母株向外行走18 cm以上，根状茎上的不定芽萌发出枝条后长出地面，将其与母株切断即可成为1株新苗。

第五章

Chapter 5

标准化蓝莓园的建立

一、选择蓝莓建园要考虑哪些因素？

建立商品生产果园应选择生态条件良好，环境质量合格，并具有可持续生产能力的农业生产区域。生态条件良好就是坚持适地适栽的原则，在果树的生态最适宜区或适宜区选择园地，并从气候、土壤、地势、水源、社会经济条件等方面分析评价其优劣，从中选出最佳地段作为园址；环境质量合格是指园地的空气、土壤及农田灌溉水必须符合国家标准，以确保果品无污染、食用安全；可持续生产能力，就是选择良好的环境条件，保护生态环境，采用无公害生产技术，实现优质、丰产、高效和永续利用的目标。

果树与生态环境是一个互为因果、协调发展的统一体。首先，环境决定果树生长发育，影响果树产量和品质，果树生产就是要为果树生长发育创造最理想的环境条件。其次，果树本身是构成环境、改善环境的重要因素，它能有效地保持水土，调节微域气候，改善生态环境及人居环境。因此，环境协调是在了解果树生长发育规律的基础上，为各类果树选择最佳环境，通过生产技术使其适应环境，并最大限度地改善环境。

蓝莓的生态环境条件是指蓝莓生存地点周围空间一切因素的总和。它包括气候条件、土壤条件、地形条件、生物条件等。其中，温度、光照、水分、土壤、空气等是直接生态因子；风、坡度、坡向、海拔高度等则是间接生态因子。

二、蓝莓园园地选择需要注意哪些问题？

蓝莓园园址选择主要要注意空气环境质量、农田灌溉水质量和土壤环境质量三个方面的问题。

1. 空气环境质量

空气中的污染物主要有二氧化硫、氟化氢、臭氧、氮化物、氯气、碳氢化合物等。国家标准要求总悬浮颗粒物、二氧化硫、二氧化氮、氟化物 4 种污染物在产地空气中的浓度不得超过规定限值。

空气中污染物含量过高会影响果树正常生长发育，造成急性或慢性危害。污染严重时，叶片产生伤斑，果面龟裂，叶果脱落，枝干干枯，甚至死亡；果树长期受低浓度污染物影响会出现叶片褪绿黄化，开花不齐，花朵或幼果脱落等慢性危害；同时也会造成隐性危害，如生理机能受到影响，对不良环境的抵抗力降低，产量和品质下降等。空气污染物主要来源于化工、冶金、制造业等工业区，如硫酸厂、化肥厂、钢铁厂、发电厂、冶炼厂、搪瓷厂、玻璃厂、铝厂、造纸厂、水泥厂以及工矿企业密集产生大量烟尘的地方，交通主干道车辆排放尾气、灰尘及装载物泄露等均可引起污染。选择园地时对上述地区应采取回避策略，在远离污染源地段建园。

2. 农田灌溉水质量

果园灌溉用水包括江河、湖泊、水库、井水、工业废水、城市生活污水等。随着我国工业尤其是乡镇企业的迅速发展，城镇人口的增加，工业废水和生活污水的大量排放，超过了环境容量和水体的自净能力，污染物种类迅速增多。如需氧污染物、植物营养物、农药、重金属、石油、酚类化合物、酸、碱及无机盐类等。用被污染水灌溉果园，会对果树造成严重危害。一般井水污染较轻，但应注意重金属元素含量超标。工业废水和生活污水必须经净化处理才能浇灌果树。所以，园地选择必须对灌溉水源进行检测，国家标准要求灌溉用水中 pH、化学需氧量、氯化物、氰化物、氟化物、石油类、汞、砷、铅、镉、六价铬、铜、挥发酚和大肠菌等 14 种污染物的浓度不得超过附录二的规定限值。

3. 土壤环境质量

土壤污染因子包括人为污染和天然污染两大类。天然污染主要是自然因素所致。如土壤中某些元素的富集，矿床周围地质因素，水土流失、冲积，风蚀、风积，地震作用，火山喷发等均可导致不同程度的污染。人为污染主要来自 3 个方面：一是工业“三废”的排放；二是农药、化肥、垃圾杂肥的施用，如过去普遍使用的六六六、滴滴涕，过量施用氮导致果实中硝酸盐的积累，会对人体产生毒害和诱发癌变；三是污水灌溉。因此在建园前要严格检测土壤，国家标准要求土壤中类金属元素砷和重金属元素镉、汞、铅、铬、铜等 6 种污染物的浓度不得超过规定限值。同时在建园后的果树生产过程中必须注意安全使用农药，推广配方施肥，防止对土壤造成新的污染。

三、蓝莓园园地规划有哪些方面？

1. 小区划分

小区也称作业区，是果园土壤耕作和栽培管理的基本单位。划分小区应根据果园面积、地形等情况进行，应使同一小区内的地势、土壤、气候条件等尽可能保持一致，以便于实行统一生产管理和机械作业。

平地果园条件较为一致，小区面积以 4~8 hm^2 为宜；山坡与丘陵地果园地形复杂，土壤、坡度、光照等差异较大，耕作管理不便，小区面积 1~2 hm^2 即可。

小区形状在平地果园应呈长方形，便于机械化作业，其长边尽量与当地主风方向垂直，以增强抗风能力；山地果园小区的形状以带状为宜，或随特殊地形而定，其长边最好在同一等高线上，以便整修梯田和保持水土。

2. 道路规划

果园应规划必要的道路，以满足生产需要，减轻劳动强度，提高工作效率。道路的布局应与栽植小区、排灌系统、防护林、贮运及生活设施等相协调。在合理便捷的前提下尽量缩短距离，以减少用地，降低投资。面积在 8 hm^2 以上的果园，应设置干路、支路和小路。

干路应与附近公路相接，园内应与办公区、生活区、贮藏转运场所相连，并尽可能贯通全园。干路路面宽 6~8 m，能保证汽车或大型拖拉机对开；支路连接干路和小路，贯穿于各小区之间，路面宽 4~5 m，便于耕作机具或机动车通行；小路是小区内为了便于管理而设置的作业道路，路面宽 1~3 m，也可根据需要临时设置。

山地或丘陵地果园应顺山坡修盘山路或“之”字形干路，其上升坡度不能超过 7°，转弯半径不能小于 10 m。支路应连通各等高台田，并选在小区边缘和山坡两侧沟旁。山地果园的道路，不能设在集水沟附近。在路的内侧修排水沟，并使路面稍向内倾斜，使行车安全，减少冲刷，保护路面。

3. 排灌系统

蓝莓园灌溉方式常采用滴灌方式。滴灌系统包括首部枢纽（水泵、过滤器、混肥装置等）、输水管网（干管、支管、分支管、毛管）和滴头。排水系统主要由园外或贯穿园内的排水干沟、区间的排水支沟和小区内的排水沟组成。各级排水沟相互连接，干沟的末端有出水口，便于将水顺利排出园外。

4. 配套设施

果园内的各项生产、生活用的配套设施，主要有管理用房、宿舍、库房（农药、肥料、工具、机械库等）、果品贮藏库、包装场、蓄水池等。配套设施应根据果园规模、生产生活需要、交通和水电供应条件等进行合理规划设计。通常管理用房应建在果园中心位置；包装与堆贮场应设在交通方便的地方；贮藏库应设在阴凉背风连接干路处；农药库应设在安全的地方。

5. 防护林的设置

营造防护林能降低风速、保持水土，调节温度、增加湿度，改善果园生态气候条件。林带树种以乔灌木结合形成立体结构。

四、蓝莓对温度条件有哪些要求？

温度是蓝莓生命活动的必要因素之一，它影响着蓝莓不同品种群的地理分布，制约着蓝莓生长发育速度，其内在的一切生理、生化活动和变化都在一定的温度条件下进行，对生长和结果起决定性影响。

在综合外界条件下，能够使果树萌芽的日平均温度叫生物学零度，即生物学有效温度的起点。落叶果树生物学零度为 6~10 ℃。果树生长季或某个发育期有效温度的累积值，称为生物学有效积温。有效积温不足，往往抑制或延迟枝条生长，影响果实成熟，从而造成生长量不足，品质变差，产量降低。冬季最低温度及其持续时间是决定果树生育和栽培成功的关键因素。大多数北方果树在冬季低温达 –30~–20 ℃时受冻，具体因树种、品种而有差异。

果树生产上采用的许多技术均以协调温度条件为目的，以满足果树生产需要。如设施栽培技术的核心是在不适宜果树生长的时期和地区，为果树创造适宜的温度条件，完成生产过程。

1. 温度与生长发育

北高丛蓝莓的生长发育温度为 8~20 ℃，气温越高，生长越旺盛，果实成熟也越快。矮丛蓝莓的光合作用随温度从 13~29.5 ℃升高而增加，在水分和营养充足的情况下，气温每上升 10 ℃，生长速度增长 1 倍。在气温降至 3 ℃时，即使不遇到霜冻，植株的生长活动也会停止。早熟品种对于气温的基本要求是生长期达到 120~140 d，而晚熟品种则不能少于 160 d。

蓝莓生长季节可以忍受周围环境中 40~50 ℃的高温，气温达到 30 ℃时叶片的光合作用下降。虽然品种间耐热性有差异，但一般来说，叶面温度超过 20 ℃时生长停滞，超过 30 ℃就有可能引起热害。高丛蓝莓的果实品质与夏季高温成反相关。

在美国，兔眼蓝莓常常发生冬季或早春的周期性花芽冻害。兔眼蓝莓花芽的抗寒性与花芽的发育阶段有关，发育阶段越高，越容易受冻；接近开花时，抗寒性呈直线下降。如梯芙蓝和乌达德的花芽及叶芽的抗寒性相似，在没有萌发前能耐 –15 ℃的低温，而绽开的芽在 –1 ℃的温度下会受冻，–5 ℃的低温可以冻死虽未绽开而即将绽开的花芽中的子房。

温度对花芽和果实发育也有很大影响，矮丛蓝莓在25.6 ℃时形成的花芽数量远远大于在15.6 ℃时形成的花芽数量，因此，生长季节的花芽形成期出现低温往往会造成矮丛蓝莓第2年严重减产。高丛蓝莓坐果率在16~27 ℃时比冷凉气温8~24 ℃高近1倍。而且高温时，果实发育很快，果个大，成熟期比低温条件时提早2~5 d。

2. 冷温需要量

蓝莓自然休眠需要在一定的低温条件下经过一段时间才能通过。生产上通常用果树经过0~7.2 ℃低温的累积时数计算，称之为"果树需冷量"，即果树在自然休眠期内有效低温的累积时数，为该果树的需冷量。但在蓝莓的自然休眠过程中，温度变化情况复杂的，需用犹他模型估算需冷量。不同品种群的自然休眠需冷量差别较大。高丛蓝莓要达到正常的开花结果一般需要650~800 h低于7.2 ℃的低温，不同品种之间冷温需求量也不同，花芽比叶芽的冷温需求量少。虽然650 h的低温能够完成树体休眠，但是只有超过800 h的低温，高丛蓝莓才会较好地生长(表5-1)。所以800 h的低温是高丛蓝莓的最低需冷量，而1 000 h的低温休眠最好。

表5-1 高丛蓝莓和兔眼蓝莓冷温需要量

品种		<7.2 ℃小时数
高丛蓝莓	泽西	1 060
	卡伯特	1 060
	先锋	1 060
	六月	1 060
	柏林	950
	迪克西	950
	卢贝尔	800
	佛罗里达3倍体	400
	梯芙蓝	850
兔眼蓝莓	顶峰	650
	巨峰	750
	乌达德	650
	蓝宝石	450
	蓝铃	450
	彼肯	360

3. 抗寒性及冻害

由低温造成的伤害，其外因主要决定于温度降低的程度，持续的时间和发生的时期；内因主要决定于树种、品种及其抗寒能力，此外还与地势、树势有关，不同树种、品种对低温的抵抗能力不同，在不同的低温条件下，不同树种、品种受冻害的程度也不同。冻害是指 0 ℃以下低温侵袭，组织发生冰冻所造成的伤害。

蓝莓对低温的忍受能力主要依赖于植物进入低温驯化的程度。不同品种抗寒能力不同，矮丛蓝莓抗寒性最强，半高丛蓝莓次之，高丛蓝莓最差。同一种类不同的蓝莓品种抗寒性也不同。高丛蓝莓中的蓝丰、蓝线抗寒力最强，半高丛蓝莓中北陆、北蓝、北空抗寒力较强。矮丛蓝莓品种除了它本身抗寒能力较强外，另一个原因是因为它树体矮小，在寒冷地区栽培时冬季雪大可将其大部分覆盖，因此它可安全露地越冬。

蓝莓一般以枝梢、花芽、根颈易受冻害。在同一枝条内，各组织间的抗寒能力不同。一般是以髓部、木质部、皮层、形成层依次增强。蓝莓冻害类型主要有抽条、花芽冻害、枝条枯死、地上部分死亡等，全株死亡现象较少，其中最常见的是抽条现象，冬季少雪，如果入冬前枝条发育不好，秋季少雨干旱均可引起枝条抽干现象发生。其次是花芽冻害，花芽着生的位置和发育阶段与其抗寒性密切相关。枝条基部着生的花芽抗寒力比顶部的强。基于这一点，在北方寒冷地区栽培蓝莓时应选择花芽形成在枝条基部多的品种，以保证产量。兔眼蓝莓花芽未开绽可抵抗 –15 ℃低温，而开绽后 0 ℃即可造成冻害死亡。

4. 霜害

霜害最严重的是为害蓝莓的芽、花和幼果。盛花期，如果雌蕊和子房在低温几个小时后变黑即说明发生冻害。解剖花芽后发现各器官在低温后变为暗棕色，说明花芽受到了霜害。霜害虽然不能造成花芽死亡，但是会影响花芽的发育，造成坐果不良，果实发育差。花芽发育的不同阶段，蓝莓的抗寒能力也不同。花芽膨大期可抗 –6 ℃低温，花芽鳞片脱落后 –4 ℃的低温可冻死。露出花瓣但尚未开放的花 –2 ℃的低温可冻死，正在绽放的花在 0 ℃时即可引起严重的伤害。不同品种对霜害抗性不同，主要原因是开花期不同。开花早的品种最易受霜害。高丛蓝莓品种中蓝线开花早，早春霜害严重，而兔眼蓝莓中的顶峰和布莱特蓝品种开花晚，霜害也轻。

5. 土壤温度

土壤温度对根系和枝条生长的影响也不能忽视。蓝莓根系是很细的纤维状根，而且分梢浅，没有根毛，对土壤环境的要求相对比较高。北高丛蓝莓的根系全年都在生长，有两次迅速生长期，一次在 6 月初，一次在 9 月。在此期间土温为 14~18 ℃。超出这个范围以外则生长缓慢。在 16 ℃以下根和枝条的生长最旺，低于 8 ℃时生长势显著下降。

五、蓝莓对光照条件有哪些要求？

光照通过影响光合作用及营养生长和生殖生长而成为果树的主要生存因素。光照强度、光谱成分、日照长度是衡量光照状况的重要指标。

光照强度是单位面积内的光通量，随纬度、海拔、季节、大气及树冠中的位置而变化。在一定范围内光照强度与光合作用呈正相关。通常光照强度在 5 000~500 000 lx 时，能满足大多数果树的要求。一般以自然光强的 30% 为有效光合作用的下限。

光谱成分对果树光合作用有较大的影响。从来源上分，作用于果树的光有两种，即直射光和漫射光。直射光的强度大，漫射光中有 50%~60% 植物所需的红、黄色光，几乎全部可被利用；从投射光的方向来分，果园受光的类型分为上光、下光、前光和后光。上光和前光是太阳从空中直接照射到树冠上方和侧方的直射光和漫射光，是果树接受的主要光源。下光和后光是地面及树后物体反射到树冠下部和后部的漫射光。光谱成分对果树的均衡发育和协调结果有重要意义。日照长度取决于地理纬度、海拔、天气及果树树形与栽植密度。

长日照有利于蓝莓的营养生长，而花芽分化则需在短日照条件下进行。在全日照条件下果实质量好，较高的全日照光照强度是花芽大量形成的必要条件。因此在蓝莓栽培过程中，光是相当重要的环境因素，光的影响包括光周期、光照强度和光质 3 部分。

六、蓝莓对水分条件有哪些要求？

水是果树生存的重要生态因素，果树树体的 50%~97% 由水组成。水是果树生命活动的原料和重要介质，参与果树的各种生理活动。水可以调节树体温度，避免或减轻灾害。水对土壤中矿物质的溶解和促进根系吸收利用起着极为重要的作用。

果树在年周期的不同阶段对水分的需求具有一定规律。特点是生长期大量需水，休眠期需水少；在生长期中，前期需水多，后期较少。具体要求是萌芽期要求水分充足;花期要求空气及土壤水分适宜;新梢旺长期为需水临界期;花芽分化期需水相对较少;果实成熟期至落叶前水分不宜过多;冬季需水少,但缺水易造成冻害和抽条。蓝莓是浅根系植物,对水分亏盈比较敏感。不同种类和品种的蓝莓,耐干旱和水分胁迫能力不同。

蓝莓有较强的耐淹水能力。不同的种和品种耐淹水能力不同,高丛蓝莓比兔眼蓝莓对淹水反应敏感。耐涝性较强的为高丛蓝莓,其次为半高丛蓝莓,最弱的为矮丛蓝莓。不同品种蓝莓的耐涝能力不同,由强到弱排列依次为:艾朗 > 蓝丰 > 科丽尔 > 北村 > 圣云 >7917> 美登 > 斯卫克 > 芝妮 > 北空。笃斯蓝莓常年生长在积水中仍可正常生长结果,笃斯蓝莓和高丛蓝莓杂交育成的品种艾朗具有很强的抗水淹能力,生长季淹水 28 d 仍能存活,并且解除胁迫后可很快恢复正常。

在淹水逆境下,蓝莓的生理变化表现在叶片质膜透性增强,且随着处理时间的加长,质膜透性进一步加大,耐淹水能力弱的品种的电解质相对渗出率值明显高于耐淹水能力强的品种;淹水逆境下,蓝莓叶片膜脂过氧化作用增强,主要氧化产物丙二醛的含量增加,且耐淹水能力强的品种增加的幅度低于耐淹水能力弱的品种。

土壤积水时,土壤通气差,土壤氧气含量降低,二氧化碳含量上升,导致蓝莓生长不良。夏季淹水天数达到 25~35 d 会抑制花芽形成。连续淹水大于 25 d,则坐果率也会下降。耐涝性的解剖特征表现为有通气组织、皮孔或形成不定根,为受涝的根系提供氧气。

北高丛蓝莓对水质的要求严格,灌溉水的盐分不得超过 0.1%,氯不得超过 300 mg/kg;含盐高的水会引起钠毒害,使植株生长受到明显抑制。兔眼蓝莓对灌溉水的水质要求不严格,pH 7.5 的水也可以用来灌溉,但是水的盐分含量不能高。

七、蓝莓对土壤条件有哪些要求?

土壤是果树生产的基础,良好的土壤能满足果树对水、肥、气、热的要求。土壤厚度、质地、酸碱度、含盐量等都对果树生长与结果有重要作用。适宜果树生长的土壤特点是通透性好、保水保肥性强,养分含量高,有机质分解快。同时要有良好的通气性。蓝莓为浅根系植物,根系不发达,根纤细,呈纤维状,无根毛,主要分布在浅土层。因此,蓝莓对土壤条件要求严格,其中土壤 pH、土壤水分、透气性、排水性等条件对蓝莓生长有很大影响,不适宜的土壤条件常导致蓝莓栽培失败,对于该类土壤,可以通过土壤改良,调整土壤 pH,改善土壤理化性质,使其满足蓝莓栽培需要。

1. 土壤类型及其结构

蓝莓最适宜生长在有机质含量高(7%~10%)、透气性好和水分充足而稳定的酸性沙质土壤或草炭土。土壤中的颗粒组成尤其是沙壤土含量与蓝莓生长密切相关，土壤疏松、通气好，有利于蓝莓的根系发展。

2. 土壤 pH

土壤 pH 是蓝莓栽培中的一个重要的因素，蓝莓生长要求强酸性土壤条件，高丛蓝莓和矮丛蓝莓要求土壤 pH 为 4.0~5.2，适宜范围为 4.3~4.8；高丛蓝莓要求土壤 pH 下限为 3.8，低于 3.4 会对植株生长造成伤害；兔眼蓝莓要求土壤 pH 为 3.9~6.1，适宜范围为 4.5~5.3，最好不超过 5.5；在 pH 4.5~7.0 的范围内，生长量和产量都随 pH 上升而下降，在 pH 6.0 时，会造成部分植株死亡，在 pH 等于 6.5 时大量植株会出现失绿症状，在 pH 达到 7.0 时，植株则不能存活。而在适宜的土壤 pH 范围(4.5~5.3)内，兔眼蓝莓产量最高，果实成熟期一致。

3. 土壤有机质

蓝莓在有机质含量高的土壤中生长良好。土壤有机质是土壤肥力的主要物质基础之一。土壤有机质含量的高低，是决定蓝莓产量的重要因素，蓝莓只有在有机质大于 7% 的土壤中才能正常生长。但它与蓝莓的产量并不成正比。土壤有机质能改善土壤的理化性质和物理机械性能，土壤有机质含量高可以大大降低土壤容重，增加土壤的空隙度，同时改善土壤结构，增强土壤的保肥和保水的作用。土壤有机质可以促进根系发达，保持土壤中营养和水分，防止流失。土壤中的矿物质养分，如铁、铜、镁和钾可被土壤中的有机质以交换态或可吸收态保持下来。

4. 土壤通气状况

土壤状况主要指土壤的透气性，透气好坏主要取决于土壤的水分、结构和组成；土壤透气性差会引起植株生长不良，在正常情况下，土壤中二氧化碳含量不低于 0.3%，土壤疏松，透气良好时，土壤中氧含量可达 20%。透气差的土壤中氧的含量大幅度下降，二氧化碳的含量大幅度上升，不利于蓝莓的生长。采取土壤覆盖，是改善蓝莓生长的有效措施。

5. 适宜的土壤条件

蓝莓栽培中适宜的土壤类型标准是：坡度不超过 10%；pH 4.0~5.5，最好为 4.3~4.8；有机质含量 8%~12%，至少不低于 5%；土质疏松，排水性能好，湿润但不积水，具备良好的灌溉条件。

八、蓝莓园土壤 pH 过高如何调节？

蓝莓对土壤条件的要求比较苛刻，因此在建园前应充分了解当地的土壤结构、理化特性，应对土壤的 pH、有机质含量、土壤营养水平进行测试和评价，以此作为建园的重要依据。对 pH 过高或过低的土壤，有机质含量低的土壤，比较黏重的土壤，需要通过施入有机物料、硫黄粉或石灰等进行土壤改良，创造适宜蓝莓生长发育的土壤条件来保证栽培成功。定植后需定期对土壤 pH、土壤有机质含量、土壤营养状况进行测试，根据测试结果，对土壤进行改良，满足蓝莓生长发育对土壤条件的要求。

土壤 pH 过高是限制蓝莓栽培范围的主要因素。土壤 pH 影响蓝莓对矿质元素的吸收利用，土壤 pH 过高，蓝莓对铁的吸收下降，同时对钙的吸收迅速，蓝莓新叶表现为缺铁失绿，开始时脉间失绿，最后叶片变白，生长不良，严重导致植株死亡。

图 5-1　蓝莓土壤改良撒施硫黄粉

使土壤 pH 降低的措施主要是加入硫黄粉。硫黄粉的施用量需根据土壤原有的 pH 水平和土壤缓冲力而定。施入硫黄粉要在定植前一年结合整地进行（图 5-1）。将硫黄粉按所计算施用量均匀撒入土壤，深翻后混匀。硫黄粉要全园施用，不要只施在定植带上。根据对我国长白山产区暗棕色森林土壤的研究，将暗棕色森林土壤 pH 由原来的 5.9 降至 5.0 以下，需施用硫黄粉约 1 300 kg/hm^2，其效果可维持 3 年以上。而且施硫黄粉可以有效地促进植株生长，提高单果重和产量。不同的土壤类型应施用硫黄粉的用量不同(表 5-2)。

表 5-2　施硫黄粉对土壤 pH 的调节效果（暗棕色森林土）

施 S 粉量 /(g/m^2)	土壤 pH		
	第 1 年	第 2 年	第 3 年
0	5.9	6.2	5.9
65	5.1	4.9	5.0
130	5.0	4.8	4.9
195	4.4	4.8	4.7

注:李亚东,1996.

除了用硫黄粉调节土壤 pH 外，土壤中掺入酸性草炭也可有效地降低土壤 pH，如果草炭与硫黄粉混合使用效果则更佳(表 5-3)。

表 5-3　草炭和硫黄粉对土壤 pH 的调节效果（壤土）

处理	土壤 pH			
	第 1 年	第 2 年	第 3 年	第 4 年
对照	7.05	6.65	6.67	6.34
草炭	4.96	5.01	5.43	5.48
S 粉	6.62	5.74	5.94	5.76
草炭 +S 粉	4.76	4.42	4.89	4.96

注：Wildung.D.K.1988.

进行土壤覆盖是降低土壤 pH 的有效方法，如土壤覆盖锯末、松树皮，施用酸性肥料，以及施用粗糅酸等均有降低土壤 pH 的作用。

九、蓝莓园土壤 pH 过低如何调节？

当土壤 pH 低于 4.0 时，由于重金属元素供应过量，造成蓝莓植株重金属中毒，使蓝莓生长不良，产量降低，甚至死亡。此时需要采取措施提高土壤 pH，最常用的有效方法是施用石灰。对 pH 为 3.3 的土壤，施用石灰 8 t/hm^2 可提高

20% 产量；而当 pH 为 4.8 时，增施石灰则对产量提高没有作用。石灰的施用也应在定植前一年进行。施用量根据土壤类型及 pH 而定。

十、如何增加蓝莓园土壤有机质的含量？

由于蓝莓根系为须根系，其纤维根比较脆弱，土壤有机质对蓝莓而言相当重要。在土壤有机质低于 5% 及黏重土壤上，根系发育和吸收能力受限。通过土壤改良增加土壤有机质可以增加沙壤土的保水保肥能力，增强黏重土壤的排水透气能力，改善土壤结构，增加透气性，还可降低土壤 pH。

当土壤有机质含量 <5% 及土壤黏重板结时，需要掺入有机物或河沙等改良。掺入河沙虽然能改善土壤结构，疏松土壤，但不能降低土壤 pH，反而会使土壤肥力下降。因此最好是掺入有机物质。最理想的有机物是腐苔藓和草炭，掺入后不仅可增加土壤有机质含量，而且还具有降低 pH 的作用。此外，烂树皮、锯末及有机肥也可作为改善土壤结构的掺入物。应用烂树皮和锯末时以松树材料为佳，并且可配以硫黄粉混合施用。

土壤中掺入有机物可在定植时结合挖定植穴进行，一般按园土、有机物 1 ∶ 1 比例混匀填入定植穴。土壤掺入有机物可以防止土壤温度剧变，降低 pH，增加有机质含量，改善土壤结构，有利于菌根真菌发育，从而提高蓝莓的产量和品质。土壤掺入有机物在蓝莓栽培中已作为一种常规措施而广泛应用。

十一、蓝莓园土壤整地怎样操作？

蓝莓园园地选择好后，应在定植前一年深翻并结合压绿肥。如果杂草较多，可提前一年喷除草剂除杀杂草。土壤深翻深度以 20~25 cm 为宜，深翻熟化后平整土地，清除石块、草根、硬木块等。在水湿地潜育土这类土壤上，应首先清林，包括乔木及小灌木等，然后才能深翻。在草甸沼泽地和水湿地潜育土壤上，应设置排水沟，整好地后进行台填，台面高 25~30 cm、宽为 1 m；在台面中间定植一行。

十二、蓝莓苗木的定植时期有哪些？

春季和秋季定植均可，其中以秋季定植成活率高。秋季定植有利于根系恢复，第 2 年春季根系活动早，萌芽快，成活率高。但要注意做好冬季防寒工作。

春季栽植宜在土壤解冻后萌芽前进行，春季定植宜早不宜晚，北方寒冷地区可在 5 月份以后定植。目前，蓝莓苗木主要为组培苗，为了提高苗木成活率，可以将购回的组培苗在大田中抚育后，在春季、夏末、秋季进行营养钵栽植。

十三、蓝莓定植如何挖定植穴？

定植前挖好定植穴。定植穴直径和深度因蓝莓种类不同而异，兔眼蓝莓应大些，一般长、宽、深为 1.3 m × 1.3 m × 0.5 m；半高丛蓝莓和矮丛蓝莓可适当缩小，一般长、宽、深为 0.3 m × 0.3 m × 0.4 m。定植穴挖好后，将园土、有机物料和硫黄粉按比例进行充分混匀后回填定植穴（图 5-2）。定植前进行土壤测试，如缺少某些元素如磷、钾则将肥料一同施入。

蓝莓通常在有机质含量高、土壤通气良好和水分充足、稳定的酸性沙壤土中生长良好。蓝莓定植前需对不符合条件的土壤提前进行改良，以满足蓝莓对土壤条件的要求。定植蓝莓过深过浅都不适宜，栽植深度以覆盖原来苗木土团 3 cm 为宜。

图 5-2　蓝莓苗木栽植

十四、怎样确定蓝莓的定植株行距？

蓝莓栽植密度需要根据蓝莓植株的高度和冠幅、土壤肥力和管理水平来确定，以满足植株生长需要和便于田间操作为标准。一般兔眼蓝莓常用株行距为2 m×4 m、至少不少于1.5 m×3 m；高丛蓝莓株行距为(0.6~1.5)m×2 m，半高丛蓝莓株行距为1.2 m×2 m，矮丛蓝莓株行距为(0.5~1)m×1 m。高丛蓝莓常用株行距及每公顷需苗木数列于表5-4。

表5–4 高丛蓝莓常用株行距及每公顷所需苗木数

株行距/m	每公顷需苗木数/株
0.6×3	5 555
0.9×3	3 703
1.2×2.7	3 086
1.2×3	2 777
1.35×2.7	2 739
1.35×3	2 469
1.5×3	2 222

引自 Paul，Eck.1988.Blueberry Science.

十五、蓝莓园如何配置授粉树？

大部分高丛蓝莓品种都可以自花结实。自花授粉果实往往比异花授粉的小并且成熟期晚。异花授粉可以提高坐果率，增加单果重，提高产量和品质。兔眼蓝莓自花不结实或结实率低，必须配置授粉树。矮丛蓝莓品种一般可以单品种建园。授粉树配置方式可采用1∶1式或2∶1式。1∶1式即主栽品种与授粉品种每隔1行或2行等量栽植。2∶1式即主栽品种每隔2行定植1行授粉树。生产上也可以通过花期进行果园放蜂来增加授粉，一般每公顷需要12箱蜜蜂(图5-3)。

图 5-3　果园放蜂

十六、蓝莓园的土壤管理措施有哪些?

蓝莓根系分布较浅,而且纤细,没有根毛,要求土壤疏松、多孔、通气良好。土壤管理的主要目标是为根系发育创造良好的土壤条件。

1. 清耕

清耕即蓝莓果园内不种任何作物,常年进行中耕除草,使土壤保持疏松和无杂草状态。清耕主要在盛果期果园中进行。全年均可进行,一般秋季深耕,生长季节进行多次中耕,使土壤保持疏松通气,促进微生物繁殖和有机物分解,短期内可显著地增加土壤有机态氮素。中耕松土,能起到除草、保肥和保水的作用。但长期采用清耕法会使土壤有机质含量迅速减少,土壤结构受到破坏,山地果园水土流失严重,土壤中有效养分淋溶多,易造成树势衰退,且费时、费工。

2. 自然留草

自然留草可选用当地果园常见的杂草资源,最好选用植株矮小,生草量大,有利于天敌及微生物活动的杂草,如稗草、狗尾草等。待草长到 40 cm 左右,留茬 10 cm 左右刈割后,覆盖在树盘下做绿肥使用。每个生长季节可以刈割 4~6 次。每年秋季将杂草用旋耕机翻压到土壤中。生草法的另一个优点是利于果园工作和机械行走,缺点是不利于对蓝莓僵果病的控制。

3. 果园覆盖

果园覆盖是在土壤表面覆盖秸秆、杂草、绿肥、麦壳、锯末和树叶等有机物(图 5-4)。一般覆盖厚度 10~15 cm,以后每年补充,保持厚度不变。覆盖有机物后压少量土,以防风吹和火灾。覆盖有机物能防止水土流失,抑制杂草生长,防止返碱,减少蒸发,降低地表温度和缩小昼夜温度变化幅度,增加有效态养分和有机质含量,并能防止磷、钾、镁等被土壤固定而成无效态,对团粒结构形成有显著效

图 5-4　蓝莓行内覆草

果。但覆盖有机物后果园春季地温上升慢，不利于果树根系生长。

应用黑塑料膜覆盖可以防止土壤水分蒸发，控制杂草，提高地温（图 5-5）。塑料膜不透气，影响土壤透气性和雨季雨水下渗。生产上多使用园艺地布进行覆盖，透水透气，虽然其每平方米的投入高于地膜，但是可以连续使用 3 年以上，效果好于地膜覆盖（图 5-6）。

图 5-5　黑色地膜覆盖

图 5-6　园艺地布覆盖

十七、蓝莓的营养需求特点是什么？

1. 低需求量

蓝莓对主要营养元素（氮、磷、钾、钙和镁等）的需求量比其他果树要少，营养过剩时反而有害。

2. 对个别元素的特殊要求

蓝莓属于典型的嫌钙植物，它对钙有迅速吸收与积累的能力，当在钙质土壤上栽培时，由于钙吸收多，往往会缺铁失绿。从整个树体营养水平分析，蓝莓又属于寡营养植物，与其他果树相比，树体内氮、磷、钾、钙、镁含量很低。蓝莓对氮素和氯元素有特殊的要求。对氮素而言，氨态氮对蓝莓果树的长势、结果状况及果实品质都远比硝态氮好；施用硝态氮时，尽管树体氮素水平有所提高，但产量不增加，果实还会变小，成熟期推迟，植株死亡率增加。氯元素也是蓝莓所需的基本营养元素之一，但需要量不大，在生产上从未发现蓝莓因缺氯而产生的缺素症。而且氯通常属有毒元素，土壤氯离子浓度高时，不仅直接对植株的长势和结果造成不良影响，还影响蓝莓对其他营养元素的吸收，增加土壤含盐量。

蓝莓对施用氮、磷、钾肥的反应如下。

(1) 氮肥　蓝莓对施氮肥的反应因土壤类型及肥力而异。对高丛蓝莓，连续7年土施氮肥（34~136 kg/hm^2），前5年对产量没有影响，后2年产量会降低。在我国长白山区暗棕色森林土壤上栽培的美登品种，随着施氮量的增加产量逐渐降低，果重降低，果实成熟期推迟，而且越冬抽条严重。因此，当土壤肥力较高时，施氮肥对蓝莓增产无效，反而有害，施氮量过多时甚至会造成植株死亡。但这并不意味着在任何情况下，对蓝莓都不需施氮肥。在土壤肥力差、有机质含量较低的沙土和沙质土壤上栽培蓝莓，或栽培蓝莓多年、土壤肥力下降时，或土壤 pH 高于 5.5，都需要适量补充氮肥。分两次施入，萌芽前施入 1/2，4 周后再施入 1/2。

(2) 磷肥　水湿地潜育土往往缺磷，增施磷肥效果显著，增施磷肥可以促进树体生长，明显增加产量。但当土壤中磷含量较高时，增施磷肥会延迟果实成熟。一般当土壤速效磷含量低于 6 mg/kg 时，需施磷肥（五氧化二磷）15~45 kg/hm^2。

(3) 钾肥　钾肥对蓝莓增产效果显著。增施钾肥不仅可以提高蓝莓产量，而且可以促进蓝莓提早成熟，提高品质，增强抗寒性。但钾肥过量，不仅对产量的增加没有作用，而且会使果实变小，越冬受害严重，导致缺镁症发生。在大多数栽培蓝莓的土壤上，适宜的钾肥用量为（氧化钾）40 kg/hm^2。

3. 对土壤 pH 及树体 pH 的依赖性

蓝莓的营养水平受土壤 pH 的影响。土壤 pH 的下限是 3.8~3.9；当土壤 pH 超过 5.2 时，果树常常发生缺铁性失绿症。霍姆斯（Homes，1960）通过改变营养液的 pH 和磷含量的方法观察蓝莓的生长状况，发现 pH 在 4~5 时蓝莓生长最好，当 pH 超过这个最适范围时，缺铁失绿程度增加，生长量下降。在含磷量高时，蓝莓缺铁症状尤甚，表明过量的磷可能降低营养液中铁的利用率。然而，尽管出现缺铁症状，老叶中铁的实际含量并不随 pH 的增加而变化，只有幼叶中铁的含量会减少，这表明高 pH 会影响铁的代谢。用铁的螯合剂（FeEDDHA）代替无机铁盐时，在 pH 7 的情况下仍然能使叶片保持绿色。布朗（Brown）和德雷珀（Draper）于 1980 年提出假说，认为蓝莓中存在一种缺铁基因。他们在水培中发现部分种内和种间杂种后代能够向营养液中释放氢离子，从而降低营养液的 pH。当向土壤加碳酸钙时，能够释放氢离子的植株可以保持叶片的绿色，而无此能力的植株出现缺铁性失绿症。斯贝厄斯（Spiers，1984）发现，当土壤 pH 从 4.5 升至 5 时，植株体内的氮素水平增高，pH 超过 5 时氮素含量又下降。提高土壤 pH，会增进植株对钙和钠的吸收；降低土壤 pH，会提高植株体内镁的含量。

植株体内的 pH 也与营养状况密切相关。蓝莓体内的氢离子浓度比大多数栽培植物高出 100~1 000 倍。健康幼叶的 pH 大约是 3.5；随着叶片的衰老，pH 逐渐趋向于蛋白质的等电点 5。这种变化趋势也和大多数栽培植物相反，大多数植物在出现营养胁迫或疾病时，体内的 pH 会降低。蓝莓体内的 pH 低归因于较高的有机酸含量。凯茵（Cain，1954）发现，植株体内的 pH 和缺铁症状之间有类似的关系。健康叶片的 pH 低于 3.5，而当失绿症出现或加重时 pH 增至 5.5。

十八、蓝莓园树体营养诊断中如何应用土壤分析方法？

营养诊断是合理施肥的依据，包括土壤分析和叶分析。

蓝莓栽植前和栽植后每 3~5 年都要进行一次土壤理化性状分析，包括土壤结构、pH、有机质含量及速效养分含量分析，根据土壤肥力状况确定施肥种类、施肥量，避免过量施肥。根据土壤养分含量确定的氮、磷、钾肥用量，可参考表 5-5、表 5-6。

表 5-5　根据土壤类型的土壤施氮量

土壤类型	施氮量 /（kg/hm²）
矿物质土壤（有机质含量低到中）	56
矿物质土壤（有机质含量高）	28
有机质土壤	11

表 5-6　根据土壤测试施磷量及施钾量

土壤磷含量 /（kg/hm²）	土壤施五氧化二磷量 /（kg/hm²）	土壤含钾量 /（kg/hm²）	土壤施氧化钾量 /（kg/hm²）
0~22.4	112	0~57.2	168
23.5~44.8	56	57.2~112	112
46~67.3	25	112~168.3	56
>67.3	0	168.3~224	28
		>224	0

注：引自 Wildung. D. K.，1988.

十九、蓝莓园树体营养诊断中如何应用叶分析方法？

1. 取样

利用叶分析进行蓝莓树体营养诊断有准确、迅速的特点。根据叶分析的结果可以制订施肥方案，避免盲目性。但在叶分析的同时应该进行土壤分析，找出营养失调的原因。叶分析的结果能否正确反应树体的营养状况关键在于取样，包括取样时期及取样部位。

（1）取样时期　在果实采收前到采收后 1~2 周内进行，过早或过晚都不能准确反应树体营养水平。

（2）选株　在一片果园内，每一品种至少选择 10 株，可采用“Z”形或对角线法选株，使所选植株能代表整个果园情况。所选树的树龄、所处的土壤肥力、地势应一致。如果一片果园内地势肥力变化较大，应分别选株取样。

（3）取样　在结果枝上选从顶部第 4~6 片生长成熟叶片，每株树按方位均匀选取 5 片叶，共 50 片叶组成一个样本。病虫叶、机械损伤叶应避免。如果叶片出现缺素现象，应单独取样。

2. 样品处理

将采集的叶片，先在 0.1% 中性洗涤剂中清洗，然后用清水冲洗，再用无离子水冲洗至少两次后，用 70~80 ℃烘箱烘干。在田间条件下，可用尼龙网袋装叶片，悬挂于通风处阴干。注意样品要写好标签、注明操作人员姓名、样品品种。取样时应调查产量、植株生长状况、果园施肥及农药应用情况。

3. 样品分析

样品烘干后，送到指定的测试分析中心分析。

4. 诊断

根据叶分析标准值、叶分析的结果、土壤分析结果及果园管理状况，对果园树体营养盈亏做出判断，制定施肥方案。叶分析标准值是进行营养诊断的主要依据，它的制订需经过多年田间试验和沙培试验。比较细的叶分析标准值应以每一个地区每一个品种为基础建立，但工作量很大。美国对高丛蓝莓和兔眼蓝莓建立了叶分析标准值（表 5-7）。

表 5-7 高丛蓝莓和兔眼蓝莓叶分析标准值

元素	缺乏 <	适宜范围 高丛蓝莓（兔眼蓝莓）	过量 >
氮 /%	1.70	1.8（1.20）~2.10（NA）	2.50
磷 /%	0.10	0.12（0.08）~0.40（0.17）	0.80
钾 /%	0.30	0.35（0.28）~0.65（0.60）	0.95
钙 /%	0.13	0.40（0.24）~0.80（0.70）	1.00
镁 /%	0.08	0.12（0.14）~0.25（0.20）	0.45
硫 /%	0.10	0.12（NA）~0.20（1.70）	NA
锰 /（mg/kg）	23	50（25）~350（100）	450
铁 /（mg/kg）	60	60（25）~200（700）	400
锌 /（mg/kg）	8	8（10）~30（25）	80
铜 /（mg/kg）	5	5（2）~20（10）	100
硼 /（mg/kg）	20	30（12）~70（35）	200

注：引自 Paul Eck，1988. Blueberry Science.

二十、蓝莓园常用的肥料有哪些？

在土壤酸碱度适宜的情况下，蓝莓通常仅需施氮、磷和钾 3 种元素肥料，而且以氮肥为主。如果土壤中其他必需元素含量过低，或叶的营养状况数值低于最适含量的下限，或已经出现缺素症状，则应根据实际要求施入其他元素。

施用营养全面的农家肥效果最好，但因在实践中农家肥的量往往难以满足需要，因此常需要补充化肥。现在市场上呈颗粒状态的有机复合肥效果也很好，在土壤中可以缓慢释放，不易被土壤固定，一般不会因施肥过量而对植株造成危害。有机复合肥或化学复合肥中氮、磷、钾的比例通常为 1 ∶ 1 ∶ 1，因此施此类肥料时应适当补充氮肥，有时还要补充适量的钾肥。

由于蓝莓对氨态氮的吸收和利用能力比硝态氮强，因此在施氮肥时应尽量施用氨态氮，避免施用硝态氮，尤其是硝酸钠，少量的硝酸钠即可使植株致死。当土壤 pH 在 5 以下时，可以施尿素，此时尿素氮可以顺利地转化为氨态氮；土壤 pH 在 5 以上时，最好施硫酸铵，硫酸铵不仅可以提供氨态氮，还可以使土壤 pH 保持较低的水平。由于蓝莓对氯元素敏感，应避免施氯化铵。同样，在施钾肥时也应避免使用氯化钾。如果购买复合肥，应事先了解其主要成分，氯元素的含量应尽量低。

二十一、蓝莓园常用的施肥方法有哪些？

1. 沟施

在树的行间或隔行开沟施肥，在距蓝莓株丛边缘 30 cm 挖宽 30 cm、深 30~40 cm 的沟，将有机肥与表土混合加入适量的化肥混匀后回填。下一次施肥在另一侧开沟。

2. 叶面喷施

在生长季，蓝莓植株出现某种元素缺乏症时，可在土壤施肥的同时，通过叶面喷施相应的肥料，尽快缓解症状。但对常量元素而言，叶面施肥只能作为一种补充方式，不可以代替土壤施肥。对于微量元素肥料而言，可以将叶面喷施作为主要施肥方式，避开土壤固定作用，增加肥效。

3. 冲施

冲施是生长季节追施速效肥料的施肥方式。将肥料撒于树盘下，然后放水或将肥料溶于水中灌于树盘下。这种施用方式见效快，但养分利用率低，土壤易板结，因此在一个生长季节中冲施肥的次数不要超过 3 次。

4. 滴灌施肥

滴灌施肥是一种精准施肥，比常规施肥省肥 50% 以上。但滴灌施肥要求果园配备滴灌设施，且肥料必须是可溶的。主要技术要点为：按照蓝莓需肥规律和产量确定施肥量和施肥时间，然后选择可溶性肥料，溶于灌溉水中，根据果树营养临界期滴入蓝莓植株根部。

二十二、蓝莓主要在什么时期施肥？

蓝莓施肥主要分为基肥和追肥。

1. 基肥

基肥的肥效缓慢，以秋季施用最好。宜早不宜晚，一般在 8 月下旬至 9 月上旬为好。因为秋季正值果树根系的生长高峰期，根系吸收能力强，断根愈合快，有利于新根产生和养分吸收；同时秋季气温较高，雨量充沛，有机肥分解时间较长，矿质化程度高，翌春可及时供给根系吸收利用；秋季新梢处于缓慢或停止生长状态，根系吸收的矿质营养可提高叶片光合效能，增加树体贮藏养分，促进花芽分化，增强果树越冬抗寒能力，促进翌年根系生长发育。

2. 追肥

追肥主要在生长季根据蓝莓各个物候期的需肥特点，在蓝莓需肥量大时及时进行。生产上蓝莓主要追肥时期有以下几次。

(1) **花前肥**　在春季萌芽前后进行，可促进蓝莓萌芽整齐、开花一致，提高坐果率，此次追肥主要以氮肥为主。

(2) **花后肥**　一般在落花后进行，此次追肥起到减少生理落果、促进枝叶生长和果实发育的作用。以氮肥为主，配合适量磷、钾肥。

(3) **膨果肥**　在果实迅速膨大和花芽分化期进行，起到促进果实增大，提高产量，有利于花芽分化和枝条成熟的作用。此次追肥要氮、磷、钾肥配合施用。

(4)熟前肥 在果实采收前10 d进行，补充蓝莓由于大量结果造成的营养亏损，满足后期花芽分化的需要，改善果实品质，延长叶片的功能期，提高树体贮藏营养的水平。此次追肥可与秋施基肥同时进行。以磷、钾肥为主，对于结果多的树、弱树可加入一些氮肥。

二十三、蓝莓主要施肥比例怎样确定?

关于氮、磷、钾3种主要元素肥料的施肥比例很难有明确的规定，各种报道说法不一，且差异很大。一般来说，氮肥是蓝莓需要量最大的肥料，其次是钾肥，而磷肥的需要量较小。兔眼蓝莓比高丛蓝莓对氮肥的要求高一些，因而高丛蓝莓可以适当降低氮肥的比例。Austin认为，对蓝莓施用氮、磷、钾肥料的比例大约为16 ∶ 4 ∶ 8，这可以作为参考。但实际上，在生产中还要根据土壤中各种元素的含量和利用率、流失情况，根据植株的营养和生长情况等适当进行调整。有时3种肥料甚至可以按1 ∶ 1 ∶ 1的比例施基肥，氮肥和钾肥不足的部分可以在追肥时按照一定比例补充。通常盛果期的果园可以按照大约70 kg/hm^2每年的施氮量进行施肥。兔眼蓝莓每年可以施2次大约1 ∶ 1 ∶ 1的完全肥料，第一次在开花前后，第二次在果实采收结束后。高丛蓝莓果实成熟较早，其施肥时间也和兔眼蓝莓相当(不是采果后)。氮肥不足的部分可以分批追施，频度与土壤和施肥方式有关。如果是通透性强、保肥保水能力较差的土壤，可以通过滴灌很方便地施肥，每2周施肥1次，每次施肥量要小;反之，则可以适当延长施肥间隔时间，增加每次的施肥量。钾肥不足的部分，可以和氮肥同时补充，也可以分1~2次补充。蓝莓对过多的肥料比较敏感，施肥量不宜过大，必需的用量也应尽量分多次施入，否则极易造成肥害。具体的施肥量还要根据土壤的营养元素含量、土壤质地和植株需肥量确定。植株的需肥量和蓝莓树体营养水平及生长结果情况有关，越是生长旺盛、结果量大的植株需肥量越大。如果植株矮小，生长缓慢，不能靠加大施肥量促进其生长，而更应谨慎施肥。

高丛蓝莓可以适当增加施肥量，幼年果园则需根据蓝莓植株大小确定施肥量。新建蓝莓果园在定植2个月以后方可少量施肥，每株施氮、磷、钾各1 g左右。

二十四、蓝莓对水分有何需求特点?

当土壤干旱时，蓝莓生长势和当年的产量都会受到严重影响，甚至影响下一年的生长和结果。过分的干旱还会影响脆弱的吸收根。当土壤排水不良时，由于水分过多、土壤透气不良，蓝莓的根系会很快褐变、腐烂，植株长势的恢复比干旱的影响更加缓慢。水分过多造成的树势衰弱在1~2年都难以恢复。因此，要取得好的收获，水分必须严格控制在适宜的水平，即既要充足，又不至于过量。水分管理的任务主要是灌水，如所选地块为沼泽地或地下水位较高，可采用台田或挖排水沟的方法解决排水问题。

适当的土壤水分是蓝莓生长所必需的，水分不足将严重影响树体生长发育和产量。从萌芽至落叶，蓝莓平均所需水分相当于每周降水25 mm，从坐果到果实采收所需水分相当于每日降水40 mm。

二十五、如何判断蓝莓的灌水时间？

蓝莓灌水必须在植株出现萎蔫前进行。灌水时间的确定应视土壤类型而定。沙土持水力低，容易干旱，需经常检查并灌水，有机质含量高的土壤持水力强，灌水可适当减少。但在有机质含量高的土壤上，黑色的腐殖土有时看起来似乎是湿润的，但实际上已经干旱，易引起判断失误，需要特别注意。

判断是否需要灌水可根据田间经验判断，用土铲取一定深度土样，然后放入手中进行挤压。如果挤压出水，则证明水分合适；如果挤压不出水，则说明已经干旱。取样土壤中的土团，如果挤压容易破碎，说明已经干旱。根据生长季内每月的降雨量与蓝莓生长所需降水比较也可做出粗略判断。当降雨量低于正常降雨量2.5~5 mm时，即可能引起蓝莓干旱，需要灌水。比较准确的方法是烘干法测定土壤含水量，也可通过测定土壤导电率或电阻进行判断。测定土壤电阻的方法比较简单，而且准确。从田间取15~45 cm深土壤样品，接通电阻计，当土壤失水干旱时电阻值升高。蓝莓主产区或野生分布区主要位于具有地下栖留水的有机质沙土上。土壤地下水位必须达到足够的高度，从而保证上层有机质沙土层有足够的土壤湿度。要达到既能在雨季排水良好又能满足上层土壤湿度，土壤的栖留水水位宜在45~60 cm。水位低于60 cm时应灌水。在蓝莓园中心地带应设置一个永久性的观测井，用来监测土壤水位。

二十六、蓝莓对水源和水质有哪些要求？

自来水所用的消毒剂中常含有氯元素（如次氯酸钙、氯气等），而蓝莓对氯元素比较敏感，非迫不得已的情况下尽量不用自来水灌溉。比较理想的水源是地表池塘水或水库水。如果水库、池塘水不能满足用量，也可以用地下水(井水)，但在夏季井水的温度较低，直接用井水灌溉有时会加剧生理干旱，尤其是在烈日当空时。所以，若用井水，最好将井水先打入池塘，待温度上升后再用于灌溉。深井水往往 pH 高，而且钠离子、钙离子含量高，长期使用会影响蓝莓生长和产量。可在灌水时用硫酸将 pH 调至4.5 左右再灌溉，但应间隔 3 次灌水再灌 1 次酸水。如果水的钠离子含量过高，最好不要作为灌溉用水。

二十七、蓝莓灌水的方法有哪些?

由于蓝莓属于灌木，根系主要分布在树冠投影区范围内的表土层，深度在 20~30 cm，因此对水分要求较为严格，喜水又怕涝。常用的灌水方法有沟灌、喷灌、滴灌等灌溉方式。

喷灌是利用机械与动力设备从水源取水加压或利用天然落差使水经过管道系统将水喷射呈雾状降落田间的一种灌溉方法。喷灌系统由水源、进水管、水泵、输水管道、竖管、管路附件及喷头等组成。由水泵从水源取水并加压，经输水管道系统送到果园，由喷头喷水。喷灌系统一般分为固定式、半固定式、移动式3种。喷灌较地面灌溉节省用水 30%~50%，能减少灌水对土壤结构的不良影响，功效较高，可与施肥喷药等作业结合，节省劳动力。喷灌还有调节气温、提高空气湿度等改善果园小气候的作用。

微型喷灌是喷灌技术的改进，是通过低压管道系统，以较小的流量将水喷洒到土壤表面进行灌溉的一种方法。喷灌时水流以较大的流速由微喷头喷出，在空气阻力的作用下粉碎成细小的水滴降落在地面或果树叶面上。微型喷灌设备包括水源(含水泵和机房)、过滤系统、自动化控制区(主要是自动化灌溉仪和电动阀)、灌溉区(包括支管、毛管和喷头)。微喷头出水孔口和流速均大于滴灌的滴头流速和流量，可以大大减少灌水器的堵塞现象。微喷灌可将可溶性化肥随灌溉水直接喷洒到作物叶面或根系周围的土壤表面，提高施肥效率，节省化肥用量。

滴灌又叫滴水灌溉，是利用一套低压管道系统(通常为塑料管道和特制的毛管滴头)将具有一定压力的水或者溶于水中的肥或药一滴一滴地、均匀而又缓慢地滴入作物根系的分布范围，使土壤保持最适于植株生长的湿润状态，并维持土壤的良好通气状态的一种先进灌溉技术(图 5-7)。滴灌系统由水源、首部控制枢纽、输水管道和滴头组成，其原理是在低压条件下，使小流量的水通过滴头中的

图 5-7　喷灌

狭窄孔道进行灌水。每个滴水孔就是一个点水源，这些点水源以 0.1~1.0 m 的间距均匀分布在供水毛管上，在土壤中形成一个近似圆盘形的湿润区，供果树根系吸收水分。滴灌还可结合施肥，不断地供给根系养分。滴灌能节约用水，比喷灌节省用水 50% 左右；滴灌不会产生地面水层和地面径流，不会破坏土壤结构，土壤不会板结，也不至于过干或过湿。但滴灌需要管材较多，投资较大，管道与滴头容易堵塞，要求有良好的过滤设备。

二十八、蓝莓园水分管理有哪些要求？

蓝莓园的土壤体积含水量在 15%~25% 为适宜，适宜的土壤体积含水量为 18%~20%。水分管理要均衡，切忌忽干忽湿。滴灌的原则是为了保持蓝莓根系附近的含水量在比较适宜的范围，所以每次的滴水量应该等于外界的蒸发量和蓝莓自身的蒸腾量之和。一般的土壤条件下，每周滴灌 2~3 次，每次 1~2 h 即可满足蓝莓对水分的需求，坐果前每次 1 h 左右，坐果后每次 2 h 左右，果实采收后应该适当控制水分以促进枝条成熟和花芽分化，此时一般每周滴灌 1~2 次，每次滴灌 30 min 左右即可，生产中会经常遇到自然降雨的情况，所以要经常检查土壤的含水量，以判断是否需要滴灌。

在几个特殊的物候期，蓝莓植株对水分的要求稍大，除此之外均正常给水。蓝莓需水量较大的物候期灌溉量如下。

1. 促萌水

一般在撤除越冬覆盖物后，花芽萌动前浇一次透水，一方面可以增加土壤含水量，防止初春干旱的气候导致植株的抽条；另一方面可以促进花芽的萌发，灌溉量以浸透根系分布的土层 30 cm 为宜，过多不利于地温的回升。

2. 花前水

在始花期前，一般要浇一次透水，主要用于提高开花的整齐度和坐果率，灌溉量以浸透土层 30 cm 为宜。

3. 果实发育水

当园区 70% 的花凋谢后，进行此次灌溉，主要目的是促进果实的发育，灌溉量以浸透 40 cm 土层为宜。此外，在果实膨大期也要保证土壤含水量，若缺水则果实发育不好，普遍偏小。

4. 越冬水

在越冬前 2~3 d 要进行一次灌溉，此次水要浇透，主要目的是为了增加树体水分累积，提高树体越冬能力和土壤墒情，减少早春抽条。

第六章
Chapter 6

蓝莓露地栽培管理技术

一、蓝莓定植方法和步骤有哪些？

1. 定植前准备

(1) 土壤改良 蓝莓不耐旱、不耐涝。适宜在通气良好、有机质含量高的酸性土壤中生长。对于黏度偏大的土壤可掺入适量河沙增加透气性，并建立良好的排水系统，及时排除土壤中的多余水分，防止涝害。大多数蓝莓品种可以在 pH 4.0~5.5 的土壤中正常生长，以 4.3~4.8 为适宜，有机质含量 8%~12%，至少不低于 5%。对于不符合蓝莓生长的土壤类型在定植前应进行土壤改良。土壤 pH 可使用硫黄粉和硫酸亚铁调节，增施有机肥提高土壤的酸碱缓冲能力。定植前整地时掺入适量硫黄粉和硫酸亚铁，可以降低土壤的 pH，硫黄施用后需 30 d 左右方可起作用。硫黄使用量为 1~1.5 kg/m^3，同时每 666.7 m^2 施 10 m^3 腐熟的牛粪。

(2) 苗木准备 品种选择要考虑当地气候条件、土壤条件、品种特性等因素，选择适宜的品种。苗木要选择品种纯正、无病虫害的壮苗，设施栽培宜选择高丛蓝莓或半高丛蓝莓早熟型品种，利于促成栽培。授粉品种常采用花期一致、花粉量大的优良品种。定植苗最好是生根后抚育 2~3 年的大苗，有利于尽早形成树冠，形成产量。对苗木质量的要求：苗木根系发达完整，根细长、根茎粗度 1 cm 以上；株高不小于 80 cm；地上具有 3~5 个分枝，分枝着生多个侧枝。

(3) 起垄做畦 温室蓝莓栽培宜采用起垄做畦栽培，有利于提高地温。南北行向，垄的高度为 30~40 cm，宽度为 80~100 cm(图 6-1)。垄做好后需要浇水沉实，缺土及时补填。

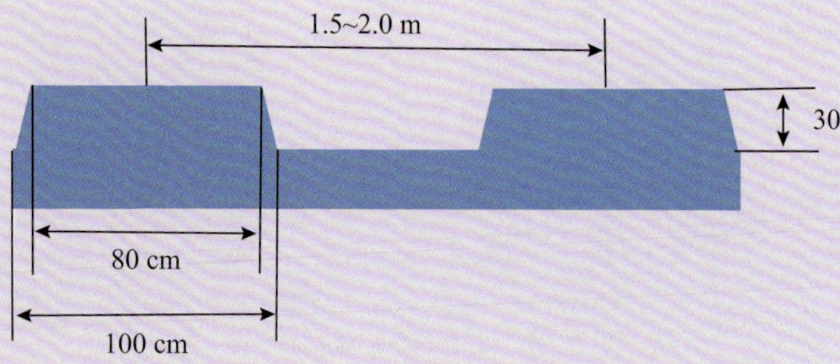

图 6-1 蓝莓定植示意图

2. 定植密度

蓝莓定植密度随品种及苗木大小不同而异，以使树冠充分见光又不因过稀而浪费土地为原则。半高丛蓝莓行距 1.5~1.8 m，株距 0.8~1.0 m 为好。北高丛蓝莓行距 1.8~2.0 m，株距 1.0~1.2 m 为宜。

为了提高前期产量，也可以采取密植栽培，即行距不变，株距减少为原来的一半，这样增加了株数，提高了前期产量。后期根据树体生长情况，适时将临时株移栽。确定栽植密度后进行打点。

3. 定植时期

温室定植一年四季均可，以蓝莓落叶休眠后至萌芽前进行为宜，其他时间定植需进行遮阳等措施提高苗木成活率。栽植前必须提前做好土壤改良工作，春季栽植，需要在上半年完成土壤改良，在定植前温室上膜，土壤解冻后苗木发芽前即可定植。秋季定植，一般在夏季之前完成土壤改良工作，定植时间一般为苗木落叶后，尽早定植，栽后覆膜盖棉被进行低温弱光促眠，满足蓝莓对冷温需要量的要求。

4. 定植技术

定植苗龄最好是生根后抚育 2~3 年的大苗，1 年生生根苗也可定植，但成活率低，定植后需要精细管理。定植时将苗木从营养钵中取出，在定植垄上挖 20 cm × 20 cm × 20 cm 的定植坑，然后将苗木移栽，埋后轻轻踏实，回填土以多覆盖原来苗木 3 cm 为宜，定植后，埋好土，轻轻踏实。有条件时要浇透水。若春秋土壤水分充足，定植后不浇水成活率也很好。

二、露地蓝莓日常管理技术要点有哪些？

1. 土肥水管理

蓝莓根系分布浅，容易受土壤水分和温度变化的影响。生产上可以采用土壤覆盖的方法，有机物覆盖可以提高土壤有机质含量，改善蓝莓根系生长的微环境，调节土壤温度，保持土壤湿度，控制杂草等。覆盖物一般可用锯末、烂树皮等。方法是将覆盖物均匀盖在床面上，厚度 10~15 cm 为宜。

蓝莓为寡营养嫌钙忌氯植物，在有机质含量高、土壤肥沃的蓝莓园中可不施或少施肥，或根据土壤分析或叶分析结果适量施肥。蓝莓施肥中提倡氮、磷、钾配比使用。有机质含量较高的土壤，应减少氮肥的用量，肥料比例 1 ∶ 2 ∶ 3 或 1 ∶ 3 ∶ 4。在沙质土壤上，施肥比例宜采用 1 ∶ 1 ∶ 1 或 2 ∶ 1 ∶ 1。肥料的选择上不要选择含氯及含钙高的肥料，推荐使用硫酸铵等生理酸性肥料。

蓝莓喜水怕涝，水分不足或过多均会影响树体的生长发育和果实产量。灌溉方法可采用沟灌、喷灌、滴灌等。灌溉必须在出现萎蔫之前进行。根据土壤类型的不同确定灌溉次数，沙土持水力低，易干旱，可适当增加灌溉次数。有机质含量高的土壤持水力强，可适当减少灌溉次数。

2. 修剪技术

栽植在温室的蓝莓，树体生长空间受到限制，整形修剪要适应温室的环境条件。整形一般采用北高南低斜面式群体结构。培养树形为丛状立体分层形，保证通风透光，果枝层散，立体分布，保证果实优质、高产、稳产。修剪一般在萌芽前进行，以疏枝和短截为主，改善光照。疏除基部细弱枝，集中养分；短截徒长枝和强发育枝，培养翌年的结果枝组；疏除病残、衰老及过密的枝蔓，改善冠内的通风透光条件。丰产性强的品种应对其结果枝组进行回缩修剪，以增大果个。

3. 蓝莓的辅助授粉

蓝莓花器的结构特点使其靠风传播花粉比较困难，授粉主要靠昆虫来完成。花期应尽可能避免使用杀虫剂。有条件的应进行人工放蜂，提高坐果率。异花授粉是提高蓝莓产量和果实大小的重要因素之一。异花授粉可以使高丛蓝莓的坐果率从67%提高到82%，使兔眼蓝莓从18%提高到47%。因此，在蓝莓种植园内，至少需配置两个以上品种相互授粉，以提高产量和品质。

三、露地蓝莓越冬防寒技术要点有哪些？

图 6-2　露地蓝莓冻害导致抽条

我国大陆性季风气候显著，冬季受亚洲高压的控制，盛行寒冷、干燥的偏北离陆风，大部分地区冬季干旱少雨。由于蓝莓枝条木质化程度差，根系分布浅，在我国北方冬季土壤冻层远深于蓝莓根系所在土层。冬末初春温度回升后，蓝莓枝条开始萌动蒸腾量加大，而根系处于冻土层中无法吸收水分，水分供应不足会导致地上部分抽条。最常见的症状是过冬后的树体枝条自上而下干枯，即抽条（图 6-2）。抽条首先从枝条成熟度较差的顶部开始，逐渐向下抽干，枝条干枯、皮皱，抽条严重的植株地上部分全部枯死。北方冬季的低温也容易导致蓝莓花芽冻害。我国北方露地种植蓝莓地区，蓝莓越冬抽条和花芽冻害是生产中普遍存在的问题，若防寒措施不当或防寒没有达到标准时，轻者出现蓝莓抽条、花芽冻害，影响树体生长和果品的产量与质量；严重会导致绝收，甚至整株冻死。我国东北地区除非极其特殊的小气候条件，露地蓝莓越冬如果不采取任何防寒措施，会导致几乎全部抽条，在胶东半岛地区遇到特殊的年份也存在越冬严重抽条的风险。因此，在北方露地蓝莓种植中，越冬防寒是提高产量的一项重要保护措施。

（一）埋土防寒法

1. 埋土时间

埋土防寒的时间应根据当地气候和土壤条件以及生产面积等因素而定。密切注意天气变化，当气温平均在 5 ℃时，土壤夜冻日化时开始埋土，并且土壤湿度不能太湿，也不宜过干，应掌握埋土湿度以捏在手成团，落地散开为宜。当最低气温降到 –3 ℃时即开始进行埋土防寒。如果埋土过早，因土温高、湿度大，花芽易霉烂；埋土过迟，土壤冻结，不仅取土不易，同时因土块大，封土不严，起不到应有的防寒作用，土壤没有完全封冻之前必须完成防寒工作。

2. 埋土方法

埋土防寒技术对蓝莓安全越冬具有良好的保护作用。埋土防寒前 2~3 d 需浇一次封冻水，增加树体水分积累，保持土壤墒情。埋土的厚度要将枝条全部覆盖，埋土过薄，会因植株受冻导致蓝莓产量和效益降低，埋土过厚会导致生产成本增加，蓝莓的产量和效益也不好。从节约成本、机械化作业等综合因素考虑，防寒方法首选实心埋土防寒法（图 6-3），本法最为安全、可靠、适用，防寒土堆对蓝莓树体有遮光、避风、保温、保水等作用，埋土厚度 15 cm。

埋土时，首先在枝条压倒侧放一锹枕土，将蓝莓株丛向一侧压倒，从植株基部向上逐渐用力压弯，防止枝条折断，取行间土覆盖于被压倒的株丛上，注意枝条不能外露，冬季需要定期检查。土层厚度距株丛最顶部不少于 2 cm，地理位置往北的地区要适当增加覆盖厚度到 15 cm。覆土严密不能有枝条裸露，也不能出现空腔。埋土要仔细，埋土后注意检查，如有露出枝条，需及时补充埋土。埋土上可再加覆草苫、塑料薄膜等，增强防寒效果。

春季一般在 4 月末至 5 月初，蓝莓出土可以参照葡萄出土上架时间，根据具体气候情况进行出土上架，要注意避开晚霜冻害，注意不要弄断枝条。若撤防寒

图 6-3　蓝莓埋土防寒

土过早，土壤温度低，根系没开始活动，无吸水能力，加上较大春风会加剧抽条。应在第 2 年春季避开抽条发生期，春季树体芽鳞片开始松动时撤土并扶直树干，撤土过程中尽量减少枝芽损伤，苗中间的土也要撤净，此方法可有效防止早春树体水分的散失。撤土过晚，蓝莓在防寒土下已经开始花芽萌动，甚至萌发抽出花序，此时蓝莓树体抗性最差，撤土也会对花芽等造成严重的机械损伤，对产量影响极重。防寒土撤掉后要及时清理果园，浇足水。

（二）冷棚防寒法

冷棚防寒法是蓝莓防寒越冬的一种重要形式。采用冷棚栽培不仅可以达到越冬防寒的目的，而且可以使蓝莓提早结果 20 d 左右，增加经济效益。该方法能够保持树体原有状态，减少树体损伤。蓝莓冷棚栽培时，不需要埋土防寒即可安全越冬，可以缓解因为冬季人工埋土所需要的用工冲突，并可以降低埋土越冬对蓝莓树体的损伤，但建造冷棚所需成本较高。

冷棚以南北向为宜，根据栽植密度、植株高度、立地条件等选择合适的棚架高度和宽度。骨架采用钢筋、水泥立柱或竹木结构，覆盖材料为塑料薄膜。建造强度需能抵御大风、大雪等自然灾害。在蓝莓枝条充分木质化后，夜间气温降至 0 ℃之前覆盖塑料薄膜，将蓝莓罩在冷棚中。塑料薄膜将冷棚封严后，要整体覆盖遮阳网、防寒被、垃圾棉或草帘，其目的是防止冬季棚内温度剧变，空气湿度过小导致抽条（图 6-4，图 6-5，图 6-6）。气温回升土壤解冻后，逐渐打开南北两头及

图 6-4　蓝莓冷棚上膜前

图 6-5　蓝莓冷棚上膜

图 6-6　蓝莓冷棚上膜后覆盖遮阳网

四周通风口。花期注意通风，控制棚内温度不超过 25 ℃，否则容易造成花粉失去活性，影响坐果，降低产量。在蓝莓采收之后，除去塑料薄膜。冷棚防寒法避免了埋土法造成的植株伤害，春季还可以提前升温，提早果实成熟期。但此法成本相对较高，且需要注意预防大风、大雪等自然灾害。冷棚防寒法注意事项有以下两点。

①在秋季和早春注意控制棚内温度，防止温度过高，当棚内温度超过 10 ℃时，注意放风降温。

②需要注意预防大风、大雪等自然灾害。

（三）覆盖防寒法

采用覆盖防寒法前应浇透水，封冻前在树体上覆盖树叶、稻草、草帘、编织袋、麻袋片、园艺地布、塑料地膜等都可起到越冬保护的作用。在冬季最低温度 -15 ℃以上地区效果较好，覆盖厚度 5~8 cm 即可。此方法在冬季较干旱地区，仍会出现抽条，效果不尽如人意。覆盖防寒法在东北蓝莓种植地区不宜使用。

覆盖防寒法注意事项：覆盖塑料地膜时一定要用黑色地膜，如果用透明塑料地膜，需要覆盖一层遮阳网或草帘，主要是防止温度变化引起的枝条伤害。

（四）防寒袋防寒法

防寒袋一般为双层膜，内层为黑塑料膜，外层为镀铝反光膜，做成长筒状袋，两端不封口，按照树高选择不同长度的袋。在秋末、冬初之际，辽南地区 11 月中旬气温在 0~5 ℃时，蓝莓园浇完封冻水之后进行。首先将蓝莓树枝条用尼龙绳等捆绑成束状，然后将防寒袋从上套在蓝莓树上，上侧先不封口，防寒袋的下部用土压实，四周培 15~20 cm 的土，再用撕裂膜把防寒袋捆扎牢固（图 6-7）。

当气温下降到 0 ℃以下并且土壤已经冻实，这时可以用绳子将防寒袋的上口扎严，防止漏气。这时还要检查防寒袋是否有损坏的地方，用塑料胶带将损坏处粘上即可。

第二年清明前后，当气温在 0~5 ℃时，将上口打开查看花芽萌发情况，在花芽膨大到绿豆大小时将上口全部打开放风，5~8 d 后将防寒袋撤掉，下部的土回填到行间。防寒袋叠好后置于阴凉通风处，储存好的防寒袋可以循环再用。

应用防寒袋防寒的注意事项。

①使用地区为冬季最低温度在 -15 ℃以上地区，辽宁地区尤其辽南可以使用此方法，其他地区根据当地冬季最低温度可以小规模试验后再进行大规模使用。

图 6-7　蓝莓防寒袋防寒

②春季需要及时打开上口，防止蓝莓由于温度过高在袋内萌芽抽出花序，不见光抽出的花序为白色，撤袋后很快就会枯死。

③冬季要定期检查防寒袋下部培土是否压严，没压严的及时培土。

④捆扎蓝莓树的时间可以在蓝莓树没有落叶时进行，这样可以起到防寒袋内保温保湿的作用。

⑤防寒袋要保存好，如果镀铝反光膜部分已经大部分脱落就要及时更换新袋。

（五）双层覆盖防寒法

该方法适用于3年以上的蓝莓果园。防寒前，在顺行间以植株定植线为准，略高于植株，架一道横梁，材料可以使用木杆、竹竿或铁管。在架好的横梁上，覆盖塑料薄膜，塑料薄膜宽度应能使其两侧下垂接地并能压住土，在两侧接地部位压严土后，上面再覆盖草帘，草帘要盖严，不能露塑料薄膜，然后用拉线或卡线固定草帘，以防大风将其吹开。双层覆盖防寒材料使用较多，但防寒时比较省工，材料可以重复利用，可以使用3~4年。重要的是防寒效果比较好，在冬季最低温度不低于-25 ℃地区，几乎没有冻害和抽条。但此方法也有一定风险，冬季如遇大雪极容易将覆盖物压塌，造成蓝莓植株断头等损伤。因此，目前在东北地区较少采用此方法进行越冬防寒。

双层覆盖防寒法应注意事项：防寒时间要适时，不能过早，以外界最高气温稳定在5 ℃以下为宜，过早会使芽伤热(俗称捂芽)；防寒前墒情不好时需浇一次透水；翌春及时一次性撤除防寒物。

（六）堆雪防寒法

在我国东北的长白山和大小兴安岭地区，由于冬季寒冷多雪，可以进行人工堆雪防寒，以确保树体安全过冬。与其他方法如覆盖稻草、树叶相比，堆雪防寒由于取材方便，所以具有省工、省时、费用少、保持土壤水分等优点。防寒的效果与堆雪深度密切相关，并非堆雪越深效果越好。因此，堆雪防寒应注意厚度适当，一般覆盖厚度以树体高度2/3为宜，适宜厚度为15~30 cm。堆雪防寒的效果较好，很少有抽条现象，产量与不防寒、盖树叶、盖稻草相比也有大幅度提高，但这一方法受地域限制，冬季降雪少或不积雪的地区无法使用。

第七章
Chapter 7

蓝莓温室栽培管理技术

一、蓝莓温室栽培有何意义？

通过设施进行蓝莓栽培是在外界环境条件不适宜蓝莓生长的区域或季节，创造适宜蓝莓生长发育的环境条件进行生产的一种栽培方式(图 7-1 至图 7-4)。

利用设施栽培技术进行蓝莓生产，通过人工创造蓝莓所需的优良环境条件，最大限度地满足根系对水、肥、气、温度等的诸多要求。设施栽培可以克服北方露地栽培受气候条件限制等不利因素的影响，将南高丛蓝莓品种群、兔眼蓝莓品种群的一些优良品种在北方大量生产。

运用设施栽培技术，可使蓝莓提前萌芽，延长生育期，获得充分成熟的果品。而且设施栽培还可克服恶劣的自然环境，使蓝莓产量高、品质好，从而获得较高的收益。

运用设施栽培技术，提高了人工对栽培环境的控制能力，为蓝莓生长创造良好的根系营养与环境，与露地栽培相比，采收期能大幅度提前，利用温室栽培，可以使采收期比露地提早 40~80 d。配合不同栽培方式，实现蓝莓鲜果

图 7-1　传统日光温室蓝莓栽培

图 7-2　传统日光温室内部

图 7-3　无后墙日光温室

图 7-4　无后墙日光温室内部

的周年供应，极大地补充水果淡季的市场需求，经济效益十分可观。以温室蓝莓为例，鲜果价格是露地蓝莓的5~10倍。这样既可以提高生产者的收入，也可以满足消费者的需求，对蓝莓产业的健康可持续发展有着重要的现实意义。

二、蓝莓对温室环境条件有哪些要求？

半高丛、北高丛蓝莓生育期一般为130~250 d。生长季适宜温度范围为20~27 ℃、25~30 ℃，不同生长发育时期对温度要求有所差异，北方寒冷地区栽植蓝莓，在日照良好的天气，白天温室环境温度完全可以达到蓝莓生长对温度的要求。决定北方地区设施蓝莓栽培是否成功的关键性问题是夜间温度是否能够满足蓝莓生长的要求，夜间需要通过设施外覆盖草毡、棉被等覆盖物，设施内进行多层膜覆盖等措施进行保温，如果温度仍然过低，需要使用增温设备来提高夜间温度。如果白天温度高于最适温度，可以通过开通风口进行降温。

蓝莓对湿度的要求一般为75%~85%，设施栽培为相对密闭环境，湿度控制主要是降低空气湿度，通过地面覆盖塑料膜降低空气湿度，也可以在保证温度适宜的前提下，通过通风降低空气湿度。

覆盖塑料薄膜会降低光照强度，以温室为例，温室的墙体、骨架都会遮光或影响对散射光的利用。在保证设施温度适宜的前提下，适当早揭晚盖覆盖物，阴天也要注意对漫射光的利用。连续阴天也可以通过人工补光来增加光照，如安装补光灯或浴霸灯等人工补光设施。

设施栽培由于环境密闭，气体流通不畅通，容易导致二氧化碳浓度过低或不良气体的积累，所以要在保证温度的前提下，适时进行通风换气。

三、蓝莓温室栽培品种如何选择？

1. 选择需冷量低的品种

蓝莓不同树种、品种的需冷量各不相同，这就决定了不同树种、品种在温室栽培中扣棚时间的早晚。品种的需冷量越低，通过自然休眠的时间就越短，扣棚升温的时间也就可以相应提早，果实成熟期比露地栽培的果实成熟期提早的时间就越多。所以在设施栽培中，要尽可能选择需冷量低的蓝莓品种。

2. 选择早熟品种

温室栽培中的栽培品种应在本地露地栽培蓝莓上市之前成熟，同时也要考虑南部地区露地蓝莓的上市时间，这样才能够有明显的反季节优势，达到较好的经济效益。温室蓝莓栽培主要以早熟品种进行促早栽培为主，也可以进行延迟栽培。露地蓝莓的上市时间，大连地区和山东地区为 6 月上旬至 7 月上旬。所以进行温室栽培就要避开这段时间上市，否则就会影响经济效益。要利用温室进行抢早栽培，保证 3 月中旬至 5 月份上市。寒冷地区发展温室蓝莓的优势在于蓝莓树体进入休眠期早，打破休眠的时间也可相应地提前，有利于蓝莓的提早上市，如果结合选择需冷量少，果实发育期较短的蓝莓品种，可以实现抢早上市。同时可以选择中晚熟品种搭配栽培，延长市场供应期。

3. 选择优质大果型鲜食品种

由于温室栽培的果品主要用于鲜食，因此要选择那些果实个大、风味佳、果形整齐、耐贮运、丰产性好、糖酸比适度、商品性强、货架供应期长的优质品种。

4. 选择适应性强的品种

栽培温室内温度高、湿度大，加之采取了密植栽培方式对土壤条件要求高，因此应选择对温、湿环境条件适应范围较宽、耐弱光，对土壤适应性强，对病害抵抗能力强，花芽抗寒性较强的品种。

四、蓝莓温室栽培的主要优良品种有哪些？

蓝莓的温室栽培以反季节收获鲜果为目的，应首选果实个大、果粉厚、风味好、产量高、耐贮运的品种，综合考虑品种的适应性、树势、需冷量、果实发育期等因素，以高丛蓝莓系列品种为宜。北高丛蓝莓是目前北方地区温室栽培中使用较多的类型，该系列品种果实个大、风味好、品质优，冷温需要量为 800~1 000 h。都克、蓝丰、伯克利等北高丛品种均已在温室中栽培成功。南高丛蓝莓也具有果实大、丰产、品质好的特性，且对土壤的适应性强，冷温需要量为 150~600 h，夏普蓝、奥尼尔等品种都是适宜温室栽培的优良品种。

从蓝莓对冷温需要量的要求看，南高丛蓝莓的品种普遍低于北高丛蓝莓品种，所以温室栽培的蓝莓品种尽量选择南高丛蓝莓的品种，例如密斯提、雷格西、奥尼尔、绿宝石、珠宝等。从成熟期考虑，尽量选用早熟的品种，例如北高丛蓝莓的都克。

目前生产上北方温室栽培的主要品种有公爵、蓝丰、雷格西、奥尼尔、绿宝石、薄雾等。

五、蓝莓温室栽培有哪些设施环境调控技术？

设施内的光照、温度、湿度、气体及土壤等综合环境条件称为设施微环境。蓝莓设施栽培是在相对封闭的小气候条件下进行的，主要采用棚室覆盖、通风等创造或改善微环境条件来进行蓝莓的促成栽培或延迟栽培。因此，环境调节是蓝莓设施栽培的重要环节，其调节适宜与否是设施栽培成败的关键。

蓝莓温室设施环境调控主要包括休眠期（即扣棚时期）、温室生长期（即升温后）两部分，撤膜后参照露地管理即可。

休眠期主要是满足蓝莓的冷温需要量。保证需冷量是温室生产成功的基础，否则开花不齐，坐果率低；或开花不长叶，影响产量、品质。蓝莓在满足其需冷量解除自然休眠后方可扣棚升温，不同品种的需冷量不同，不同地区的扣棚时间也存在差别。由于不同年份气候条件存在差异，应记录、计算低温积累量并以此确定扣棚时间。生产上采用的技术措施主要包括采用人工低温暗光促眠方法和单氰胺破眠方法。

人工低温暗光促眠方法：为使蓝莓植株快速通过休眠，生产上通常采用此方法。即当深秋初冬日平均气温稳定在 7~10 ℃时，夜间揭开保温被并开启通风口，让冷空气进入来降温，白天盖上保温被并关闭通风口阻止热量传入棚室内来升温，保持棚室内温度在 0~7.2 ℃范围内（图 7-5，图 7-6）。当白天揭开保温被温室内的温度也能稳定在 7 ℃以下时，可昼夜覆盖。根据品种需冷量和棚

图 7-5　低温促眠——白天放下棉被

图 7-6　低温促眠——晚上卷起棉被

室温度计算所需预冷时间，需冷量较高的北高丛蓝莓经过30~60 d的预冷处理，即可顺利通过自然休眠。

单氰胺破眠方法：辽南地区12月中旬至1月初开始升温，为了保证打破休眠，确保叶芽萌发、叶花相对同步发育。在升温前对蓝莓整株喷施50%单氰胺70~80倍稀释溶液，能有效打破休眠，促进叶芽萌发，提高产量，提早上市15~20 d。在北高丛蓝莓品种上应用效果较好。应用此法要注意品种差异，品种不同则喷施浓度、方法不同。

知识链接

使用单氰胺注意事项

1. 单氰胺对眼睛和皮肤有刺激作用，直接接触后，会引起过敏，表层细胞层脱去(脱皮)。误饮，会损伤呼吸系统。如发生上述症状，请立即到医院就诊。

2. 使用时必须穿防护衣和防护眼罩，注意不要使皮肤直接接触。

3. 使用时不能吃东西、喝饮料和吸烟。操作前后24 h内严禁饮酒或食用含酒精的食品。

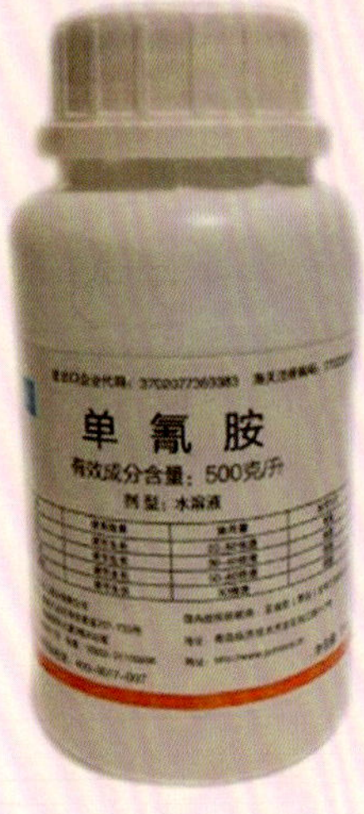

图7-7　单氰胺

4. 操作后用清水洗眼、漱口，并用肥皂仔细清洗脸、手等易暴露部位，清洗防护用品。

5. 单氰胺能使绿叶枯萎，使用时避免喷洒到相邻正在生长的作物上。

6. 在有晚霜的地区，使用时注意晚霜，避免作物过早发芽而受到晚霜危害。

7. 不得与其他叶肥、农药混用。

8. 施用时请严格施用时期和倍数，由于核果类果树为纯花芽，鳞片的保护能力差，喷药时如果施用浓度不当，可能会出现药害，但甜樱桃表现较强的抗药性，这可能与外围鳞片对花原基的保护性较强有关。

9. 单氰胺要求存储在20 ℃之下，不得与酸碱混储。防止阳光直射(图7-7)。

六、蓝莓温室栽培周年栽培管理——休眠期如何进行管理？

1. 适时扣棚降温促眠

辽南地区：10 月中下旬开始进入休眠，此时外界昼温 10 ℃左右，夜温 0 ℃左右，白天将温室保温覆盖物盖严，晚上卷起，保证温室内温度在 0 ℃左右，连续 1 个月左右就能满足蓝莓的休眠要求。此时叶片变红脱落，做好清扫、消毒工作。温室冬季盖膜前，要浇一次透水，增强枝条越冬能力。

2. 修剪

蓝莓萌芽前修剪可在休眠期至树液流动前进行。注意树形的培养，休眠期主要是疏除内膛枝、交叉枝、重叠枝、过密枝、细弱枝和未成熟的新梢，留花芽饱满、粗壮的枝条，保证果枝立体分层分布，通风透光。修剪的作用是平衡树势，协调营养生长和生殖生长的关系、蓝莓产量和果实品质的关系。适当调整花芽数量，根据品种特性，依据果枝长短进行修剪，疏除密、弱、细果枝，长果枝（≥ 20 cm）剪留 6~8 个花芽，中果枝（10~20 cm）剪留 4~5 个花芽，短果枝（≤ 10 cm）剪留 2 个花芽（图 7-8，图 7-9）。

图 7-8　修剪前

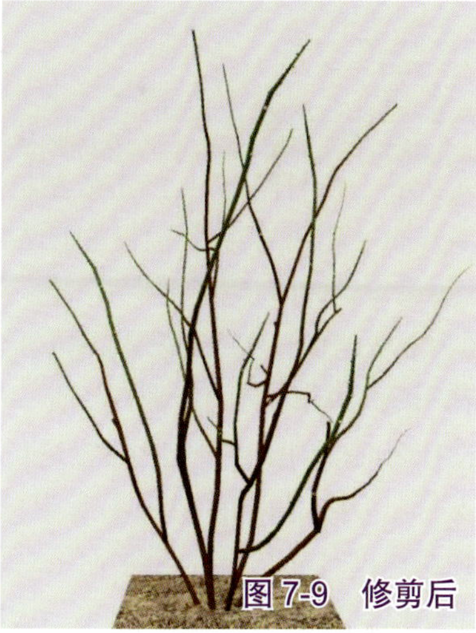
图 7-9　修剪后

3. 萌芽前水肥管理

萌芽前施入硫酸铵及硫酸钾型复合肥，成年树一般每棵树的施用量是 50~100 g。施肥方法一般以沟施为宜，可有效减少肥水流失（图 7-10）。施化肥时沟宽 20~25 cm，沟深 10~15 cm。施肥后及时灌催芽水。

图 7-10 文丘里施肥器

七、蓝莓温室栽培周年栽培管理——催芽期如何进行管理?

1. 温度管理

蓝莓满足需冷量后,在温度适宜的条件下即可正常萌芽。升温时间越早,果实成熟上市时间越早,经济效益越高。温室有加温条件的,满足需冷量后即可升温。同一地区的,有加温设施的蓝莓温室果实成熟期要早于没有加温设施的蓝莓温室。温度管理原则是平缓升温,控制高温,保持夜温。高丛蓝莓的需冷量要在0~7.2 ℃的低温状态下积累 800~1 200 h。冷温需要量不足时会造成发芽不良,开花不足,影响果实的产量和品质。实现蓝莓反季节生产的关键就是适时调整蓝莓的休眠时间的温度一定要缓慢进行,不可短时间内温差过大,以免影响蓝莓的生长发育。方法是前期通过揭开保温材料的多少或程度控制室内温度,后期通过放风控制温度过高。第一周使室内气温白天保持在 13~15 ℃,夜间 6~8 ℃;第二周白天 16~19 ℃,夜间 7~10 ℃;第三周白天 20~23 ℃,夜间 8~12 ℃。第三周的温度一直保持到花芽萌发。夜间温度低于 5 ℃时,需要采取临时加温措施。

2. 湿度管理

升温、浇完催芽水后,控制土壤相对湿度为 60%~70%,空气湿度控制在 70%~80%。升温阶段由于低温低,水分蒸发量少,同时全棚地膜覆盖,降低了空气湿度和水分蒸发,这个时期,浇水次数不宜过多,否则会影响土壤温度的升高,导致萌芽推迟。开花前 1 周浇催花水。

3. 修剪管理

花芽膨大期,对花芽过多的结果枝进行适当短截,减少花芽留量,一般壮枝留花芽 5~7 个,中庸枝 4~5 个。

4. 其他管理

在升温当天或第 2 天对蓝莓整株喷施 50% 单氰胺 70~80 倍稀释溶液,能有效打破休眠,促进叶芽萌发,提高产量,提早上市。但要注意品种差异,品种不同则喷施浓度、方法不同。使用破眠剂必须要保证土壤水分充足,保证正常萌芽。具体用药注意事项参照药品使用说明。1 周后可以喷 1 次 3~5 °Bé 的石硫合剂防治病虫害。地上管理完成后,及早进行地膜覆盖,提高低温,保证根系和地上部生长协调一致,同时还可降低棚内湿度,减轻病害发生。

八、蓝莓温室栽培周年栽培管理——开花期如何进行管理?

1. 温度、湿度管理

开花期保证温度维持在 23~25 ℃,夜间不低于 8 ℃。开花期适宜湿度为 50%~60%。开花期如遇低温应采取必要的人工加温措施,如在温室内加炭火、燃烧液化气、点蜡烛,加装远红外线加热板、浴霸灯、热风机等(图 7-11 至图 7-13),低温控制在 0 ℃以上,防止低温冻害。

图 7-11　远红外线电加热板

图 7-12　浴霸灯

图 7-13　热风机

2. 人工辅助授粉

温室大棚种植蓝莓时，蓝莓生长发育处于密闭条件下，为保证授粉受精和坐果，提高结实率。花期应进行人工授粉或蜜蜂授粉，最好选择蜜蜂授粉与人工授粉相结合的方法。每个 400 m^2 温室大棚内可以在开花期放置一个蜂箱（图 7-14 至图 7-17），蜜蜂在 11 ℃即可开始活动，活跃适宜温度为 16~29 ℃。白天温度不可过高，温度过高会影响蜜蜂授粉。蜜蜂对一些气味较敏感，所以放蜂期间切忌喷洒对蜜蜂有毒害的农药，以防蜂群中毒。温室通风口应罩上防虫网，防止蜜蜂在白天放风时飞出。试验效果表明，放养蜜蜂进行授粉，提高坐果率和产量与品质是目前蓝莓生产最经济、高效、丰产的办法。

图 7-14　蜜蜂蜂箱

3. 其他管理

开花初期，将衰弱花序疏除以提高果穗整齐

图 7-15　蜜蜂授粉

图 7-16　熊蜂蜂箱

图 7-17　熊蜂授粉

度。为防止花期冷害和产生僵果病，在花前喷保护性药剂和杀菌剂，果实膨大期要保证充足的水分供应，适当随灌水追施营养液。盛花初期，喷布 0.2% 的硼砂水溶液，以提高坐果率；花后喷布海藻氨基酸钙 1 000 倍液，以提高果实硬度和预防畸形果。

九、蓝莓温室栽培周年栽培管理——果实发育期如何进行管理？

1. 温度、湿度管理

蓝莓幼果期高温条件会影响其正常发育产生畸形果，果实发育期温度白天控制在 25~28 ℃，夜间 11~13 ℃。果实膨大期白天温度控制在 22~25 ℃，最高 28 ℃，夜间 10~15 ℃；湿度一般在 60%~70%。果实成熟期加大昼夜温差，可以提高果实品质（图 7-18，图 7-19）。

2. 水分管理

蓝莓生长发育过程中，在花后要及时浇水；果实膨大期，需水量大，要保证水分供应充足，若水分供应不足，会影响果实生长发育，降低产量和果实品质。这个时期要结合浇水，冲施一些含钾量高的水溶性肥料。果实成熟期要控制灌水量。

3. 果实管理

在蓝莓果实着色期，喷布 0.2% 的磷酸二氢钾水溶液，促进果实着色和提高可溶性固形物含量。

蓝莓的果实成熟期不一致，一般采收持续 3~4 周。适时采收对将要上市的蓝莓来说非常重要，直接影响种植的经济效益。蓝莓果实由绿转白至蓝紫色后，

图 7-18　自动放风设备

图 7-19　温室后墙挂反光膜

再需 10 d 左右后即可成熟。随着果实陆续变色成熟进行分批采收。成熟期要适当控制水分供应，切勿因水分过大造成裂果、落果等损失，另外，果实含水量过大，也会影响果实的品质和货架期。果实大量成熟期每 3~4 d 采收 1 次，采摘应在早晨至中午高温前，或在傍晚气温下降以后进行，采摘时要轻摘、轻拿、轻放，对病果、烂果应单收单放，并做好分级和包装（图 7-20 至图 7-23）。

4. 气体管理

冬季温室经常密闭，通风换气少。同时施用农家肥及化肥，在温室的密闭环境下，分解释放的有毒气体容易积累，对蓝莓有毒害作用。因此，温室的通风换气极为重要，温度适宜的条件下，应及时通风换气。通风还可以增加空气中的二氧化碳浓度，有条件的温室可以进行二氧化碳施肥，满足蓝莓光合作用对二氧化碳的需求，起到促进蓝莓生长发育、增产提质增收的作用。

图 7-20　蓝莓果实采收（图片来自网络）

图 7-21　采摘蓝莓果实

图 7-22　蓝莓鲜果

图 7-23　蓝莓分级筛

1. 采收后修剪

温室种植蓝莓株行距比较小，采果后又是蓝莓的生长旺季，生长量比较大，采收后要及时进行修剪(图 7-24，图 7-25，图 7-26)。否则易导致结果部位外移，叶片老化。及时修剪可以避免花芽老化或出现二次开花现象。此时修剪主要是控制树高，以节约营养和改善通风透光条件，温室蓝莓采后修剪主要是疏除内膛枝、衰弱枝，回缩结果母枝，短截更新结果枝(组)，回缩一部分大枝和过长的结果枝，以减少养分消耗，调节树体养分流向，促进芽眼饱满老熟。同时对生长空间相互影响的结果枝去弱留强，待枝条停长后，回缩细枝，短截部分长果枝，对过密枝、水平枝、弱小枝、病枝都要剪除。修剪时间为果实采收后的 6 月份，可根据品种、栽培模式和修剪方式确定具体的修剪时间。

夏剪重点是摘心和短截，当新梢长到 15~25 cm 时进行 1~2 次夏剪(图 7-27)，促使萌发更多的结果枝，一般进行 2~3 次摘心。对强壮的底芽新枝进行摘心，培养其成为结果主枝。对于因二、三次生长致使树体枝条密集的植株进行适当疏枝，对于 9 月下旬继续旺长的新梢摘心控长。每株保证 4~6 个结果主枝，这样既可以合理利用温室内的面积和光照，也使蓝莓丰产、稳产有了保证。结果主枝生长至 6 年左右时，结果能力下降，果实品质变差，萌发新枝能力弱，需要更新，此时将老枝从基部疏除即可。

图 7-24　果实采收后修剪前

图 7-25　果实采收后修剪后

图 7-26　修剪后萌芽生长情况

图 7-27 蓝莓夏季修剪(夏剪前)

图 7-27 蓝莓夏季修剪(夏剪后)

2. 肥水管理

蓝莓果实采收后根据土壤养分情况配施有机肥加硫酸铵及微肥，促进树体发育保证来年产量，施肥方法一般以沟施为宜，可以有效减少肥水流失。秋季适当控水使植株适期停长，加速木质化和促进花芽分化；花芽分化期叶面喷施 0.1% 磷酸二氢钾 2~3 次，促进花芽形成。

3. 揭膜后管理

果实采收完毕之后，如果外界温度逐渐上升，就可逐渐撤除薄膜。当外界日平均温度达到 15~20 ℃时，便可揭掉棚膜(图 7-28)，一般山东在 4 月下旬，辽宁南部在 5 月上旬，沈阳以北地区在 5 月中下旬。揭膜后很快进入夏季，阳光充足，高温多湿，蓝莓树体生长发育迅速。夏季管理的重点是控制新梢旺长，促进花芽分化，增加树体营养贮备。

4. 秋施基肥

基肥作为长效性肥料是能为蓝莓生长发育提供多种养分的基础肥料，基肥以秋施最好，因为蓝莓秋季生长发育特点和环境条件适宜施用基肥(图 7-29，图 7-30)。蓝莓秋季施肥非常重要，时间宜早不宜晚，辽南地区秋施基肥的时间一般在 8 月下旬至 9 月上旬。基肥采用穴施或沟施，在行间、株间挖环状沟、条沟或施肥穴，深度 30~40 cm。有机肥选用优质腐熟的农家肥，如鸡粪、猪粪、牛粪等，穴施或沟施时，丰产期单株施有机肥 2~3 kg，可根据树龄、植株大小及产量适当调节用量。

图 7-28　采果后温室揭膜

图 7-29　蓝莓秋施基肥（沟施）

图 7-30　蓝莓秋施基肥（覆土回填）

十一、蓝莓温室栽培周年栽培管理——其他管理还有哪些？

1. 灾害性天气管理

(1)暴风雪天气　冬季和早春有时会出现大风阵雪天气，雪大风急，把大量的雪吹落在前屋面上，雪越积越厚，如不及时采取措施，有可能把温室压塌，造成严重损失。遇到这种情况，要及时用刮雪板把积雪刮下。生产上可以使用森林灭火机等专业设备进行除雪，提高效率，降低劳动强度。

(2)寒流强降温天气　冬季有时出现寒流，突然降温 10 ℃以上时就要采取措施，以免造成低温危害。一般在晴天时出现寒流不容易受害，因为温室贮存的热量较多，寒流持续时间不会太长。但是如遇连续阴天，温室中热量已经较少时，再遇到寒流强降温就容易遭受冻害，遇到这种情况就要及时采取措施防止冻害发生。可临时补助加温，补助加温的方法很多，如临时生火炉、烧炭火盆等。降温不太严重时在前底沟处每米点燃一支蜡烛。也可以用热风炉、安装浴霸灯等设施进行增温，但一定要注意用火用电安全。

(3)连续阴天 低纬度日照百分率低的地区，冬季温度不是很低，但是阴天多，有时会遇到连续阴天。遇到这种天气时，只要不出现寒流强降温，每天都要揭开保温被。因为散射光在一定程度上能提高温度，并在作物光补偿点以上。如果不揭开保温被苫，作物不能进行光合作用，只有消耗没有积累，短时间尚可恢复，时间过长必然受害。长时间阴天造成温度过低时，仅仅加温是不行的，还要采取补光措施，可以使用专业的补光灯补充光照。

2. 病虫害防治

温室蓝莓生产中，异常天气、温度、湿度条件均为蓝莓病虫害的滋生蔓延提供了条件。温室蓝莓生产中主要病虫害有灰霉病、茎基腐病、蚜虫等。发现病虫害要及早防治，采取预防为主、综合防治的原则，把农业、物理防治措施有机结合，合理使用高效、低毒、低残留的化学农药。禁止使用高毒、高残留农药，严格执行农药安全间隔期的管理规定，达到提高蓝莓产品质量、保护环境的目的。在秋季应彻底清除枯枝、落叶、病果等病残体，集中烧毁。在生长季节及时摘除病果、病叶等，在花开前至始花期，选择广谱性、低毒的杀菌剂，可用速克灵、施佳乐、代森铵等预防病害发生。在果实生长发育期禁止喷药，以免污染果实，造成农药残留。蓝莓生长发育期发生蚜虫虫害时，可采用黄色粘虫板和杀虫灯进行诱杀。

3. 土壤 pH 监测

要定期进行土壤 pH 检测。当 pH>5.5 时，应调整土壤酸度，调整到蓝莓适宜的土壤酸性条件，可以结合施肥使用硫黄粉调整改良土壤，也可以将灌溉水用硫酸、冰醋酸、柠檬酸等调成酸性水，对蓝莓进行浇灌。

第八章
Chapter 8

蓝莓果实采收、分级和储存

一、蓝莓的果实及生长有何特性?

不同种类蓝莓的果实大小、颜色及形状略有差异。果实直径0.5~2.5 cm不等。兔眼蓝莓、高丛蓝莓、矮丛蓝莓果实为蓝色,被有白色果粉,果实形状由圆形至扁圆形。果实重量一般1~2 g。果实中种子较多,但种子很小,一般每个果实中种子数平均为65个。由于种子极小,对果实的食用风味并无不良影响。蓝莓果实一般开花后2~3个月成熟(图8-1至图8-5)。

蓝莓的色泽表现并不一定和果实达到可以食用的成熟度完全一致,有的品种已经完全表现出成熟的色泽,但实际上食用品质还很差。栽培上最好在果实颜色转蓝后再在树上停留几天,使之充分成熟后再采摘。

果实发育和成熟与内源激素变化密切相关。在矮丛蓝莓果实中,生长素活性在果实发育迅速生长期较低,随缓慢生长期的到来,生长素活性迅速增加并达到高峰,进入快速生长期则开始下降。生长素活性首次出现是在开花后第3周,第5~6周时达到高峰。高丛蓝莓果实中生长素活性在果实发育迅速生长期迅速增加,高峰出现在缓慢生长期开始阶段,有些高丛蓝莓品种果实中生长素从果实发育迅速生长期到缓慢生长期一直下降。高丛蓝莓果实中生长素活性在果实发育快速生长期出现第2次高峰,这也与矮丛蓝莓不同。赤霉素活性在果实发育迅速生长期达到高峰,高峰出现在开花后第6天。进入果实发育缓慢生长期,赤霉素活性迅速下降,并一

图8-1 蓝莓坐果后果实膨大

图 8-2　果实由深绿色转为浅绿色

图 8-3　先端(萼片端)带粉红色

图 8-4　部分果实转为蓝色

图 8-5　果实 100% 蓝色

直维持较低水平，到果实着色时又迅速增加。高丛蓝莓果实中赤霉素活性变化与矮丛蓝莓基本一致，但生长素变化则不同。

果实开始着色后需 20~30 d 才能完全成熟，同一果穗中，一般是中部果粒先成熟，然后是上部和下部果粒。矮丛蓝莓果实成熟比较一致。果实成熟过程中内含物质发生一系列的变化。

二、蓝莓果实采收有哪些方法？

果实采收前 2 周内尽量少浇水，水量过大会影响蓝莓果实品质及贮藏，导致果实含糖量下降，易出现裂果现象。蓝莓果实采摘期间，如果遇到干旱天气，浇水切忌大水漫灌，可适量浇水，保证果品质量。

蓝莓果实要适时采收，不能过早采收。过早采收则果实小、风味差，影响果实品质。但也不能过晚，尤其是鲜果远销，过晚采收会降低耐贮运性能。果实成熟时正值盛夏时节，注意不要在雨中或雨后马上采收，以减少果实霉烂。蓝莓果实成熟期不一致，所以需要分批次采收，一般需要间隔 1 周采收 1 次，采收期一般持续 3~4 周。采收后放入塑料食品盒中，再放入浅盘，运到市场销售，应尽量避免挤压、曝晒、风吹雨淋等。

1. 人工采收

(1) 矮丛蓝莓采收　矮丛蓝莓果实成熟比较一致，先成熟的果实一般不脱落，可以等果实全部成熟时再采收。在我国长白山地区，果实成熟时间为 7 月中下旬。矮丛蓝莓果实较小，人工采摘比较困难，使用最多而且快捷的方法是梳齿状人工采收器。采收器一般宽 20~40 cm、齿长 25 cm、40 个梳齿。使用时沿地面插入株丛，然后向前上方捋起，将果实采下。果实采收后，清除枝叶或石块等杂物，装入容器。

(2) 高丛蓝莓、半高丛蓝莓采收　高丛蓝莓、半高丛蓝莓的果实主要供鲜食，适宜人工采收。采摘用具需要清洗、消毒、晾干，保证蓝莓采收过程中清洁。由于蓝莓果实成熟期不一致，一般持续 3~4 周。当蓝莓果实表面由青绿色转变为蓝黑色时，开始采收，选择整个果实呈深蓝色、果蒂部分基本变蓝色的果实采摘。用手指轻捏果实，直接向前少用力即可摘掉，不要旋转或斜提，以免果蒂部分的果皮被撕裂。也不要反复触摸果实，尽量保证果粉完整。可带薄橡胶手套或指套进行采摘，可以减少对果粉的破坏。盛果期 2~3 d 采收 1 次，初果期和末果期

 4~6 d 采收 1 次。采摘时需要，根据果实大小进行初步分级，将大、中、小、残次果

分开，采下后可直接放入小塑料盒中。蓝莓采摘季节一般气温高，采下的蓝莓鲜果要进行低温遇冷处理。采摘时间以晴天早晨为好。

2. 机械采收

(1)高丛蓝莓和兔眼蓝莓 美国在高丛蓝莓和兔眼蓝莓采收中，为节省劳力，常使用手持电动采收机。采收机重约 2.5 kg，由电动振动装置和 4 个伸出的采收齿组成，由干电池带动。工作时，将可移动式果实接收器置于树下，将 4 个采收齿伸入树丛，夹住结果枝，启动电源震动约 3 s。使用这种采收机需 3 人配合，工作效率相当于人工采收的 2~3 倍。

(2)矮丛蓝莓 美国在矮丛蓝莓采收中，常使用一种大型梳齿状采收器，配备摇动装置，采收时上下、左右摆动，将果实采下，然后用传送带将果实运输到清选器中。矮丛蓝莓果实成熟比较一致，先成熟的果实一般不脱落，可以等果实全部成熟时再采收。

由于劳动力资源缺乏，机械采收在蓝莓生产中越来越受到重视。机械采收的主要原理是振动落果。一台包括振动器、果实接收器及传送带装置的大型机械采收器 1 h 可采收 0.5 hm^2 以上面积的蓝莓果实，相当于 160 个人的工作量，可以大大降低成本。但机械采收存在几个问题：一是产量损失，据估计，机械采收大约比人工采收损失 30% 的产量；二是机械采收的果实必须经过分级包装程序；三是前期投资较大。在我国以农户小面积分散经营时则不宜采用，但大面积、集约式栽培时应考虑采用机械化采收。

三、蓝莓果实采收为什么要预冷？预冷的方式有哪些？

刚采收的蓝莓鲜果温度较高，呼吸强度大，且果实自身不断产生热量，加之果实的水分不断蒸发散失，其新鲜度会很快降低。因此，田间采回的鲜果要进行预冷处理，以降低果实的代谢活动，保持新鲜度。果实采收后，应该立即进行预冷处理，使果实温度降低到 10 ℃以下，有效减少果实腐烂发生。预冷的方式可以采用真空冷却、水冷却以及冷风冷却（图 8-6）。

1. 真空冷却

真空冷却是在真空状态下蒸发水分带走潜热，可以在 20~30 min 内使果品温度从 25 ℃降至 3~5 ℃，因此此法降温效果最好，但对设备要求较高。

图 8-6 低温冷库

2. 水冷却

水冷却是用冷水浸渍或用喷淋冷水的方式。水冷速度也较快，但冷却后蓝莓鲜果表面的水分不易沥干，对贮藏影响较大，易造成果实腐烂。

3. 冷风冷却

冷风冷却即采用专门的快速冷却装置，通过空气高速循环，使产品温度快速冷却下来。对于蓝莓鲜果一般在 1~2 h 内（最多 4 h）就可降到 1~2 ℃。另一种替代完全冷却的方法是在包装前冷却到 18~20 ℃，也有同样的效果。有可能是因为 18 ℃有利于果实蒂痕的干燥。

蓝莓果实的货架期主要受以下几种病害的影响：灰霉病、黑霉病、炭疽病。病害的感染点多数是蒂痕。用浸杀菌剂的方法可以减少腐烂。

四、如何对蓝莓果实进行分级和包装？

1. 果实分级

蓝莓果实采收后，经过初级机械分级后（图 8-7），仍含有石块、叶片、未成熟

图 8-7　蓝莓果实分选机

果实、挤伤及压伤果实等，需要进一步分级。果实采收后根据其成熟度、大小等进行分级。高丛蓝莓分级的标准主要包括：浆果 pH 3.25~4.25；可溶性糖 <10%；总酸 0.3%~1.3%；糖 / 酸比为 10~33；硬度达到足以抵抗 170~180 r/s 的振动；果实直径 >1 cm；颜色未达到固有蓝色说明尚未成熟，而果实中色素含量 >0.5% 时则已过分成熟。实际操作中，主要依据果实比重、硬度及折光度进行分级。

(1) 根据比重分级　比重分级是最常用的方法，其利用的原理有 2 个：一种方式是利用气流分选，将蓝莓果实通过气流，小枝、叶片、灰尘等比重轻的物体被吹走，而成熟果实及较重的高比重物体被截流下来，进入下一步分级。接下来的分级一般由人工完成。另一种方式是采用水流分级。水流分级效果较好，但缺点是由于果粉损失影响外观品质。

(2) 根据硬度分级　其主要原理是蓝莓果实对振动力的反应与果实硬度有关。根据果实硬度大小，采用不同的振动频率，可以将杂质、叶片、未成熟果实、成熟果实及过分成熟果实分离开来。

(3) 根据折光度分级　蓝莓果实花青素含量与在单光束扫描仪 740~800 μm 区间的折光度差异密切相关。根据这一原理，在不破坏果实的情况下，也可以根据其折光度将未成熟的果实分离出来。根据折光度分级，由于需要精密仪器，故较少被采用。

图 8-8　蓝莓盒

图 8-9　蓝莓包装箱

2. 包装

常用纸质、塑料材料的盒、箱、筐等包装蓝莓果实。以鲜果销售时，可使用无毒塑料盒，塑料盒有不同规格，大的可装 1 000 g，小的可装 100 g 左右，但以每个果盒盛装 125 g 果实的规格较好，然后将小盒装入纸箱中，一般为 2 层(图 8-8，图 8-9)。

对于加工用果实，可以使用平底透气的塑料筐或篮直接包装。包装场地若在室外，也要遮阳避高温，若以鲜果销售，包装后即就地或运出进行预冷处理，再长途运输销售，或直接装入冷藏车运到销售地点。大型企业，建立大规模冷库，可以实现在冷库中包装、封箱。

五、蓝莓的贮藏方法有哪些?

蓝莓鲜果需要在 10 ℃以下低温贮存，即使在运输过程中也要保持 10 ℃以下温度。但是果实从田间温度降至 10 ℃以下低温必须经过预冷过程，去除田间果实热量，才能有效防止腐烂。蓝莓运输一般需要降到 10 ℃以下温度，若能降低到 2 ℃效果更好，在国外使用冷藏车进行果实运输，车厢内可保证温度在 2 ℃。

1. 果实冷藏

果实在进入冷库冷藏前，先进行预冷，使果实温度在短时间内降低。在低温冷藏过程中为了抑制果实水分损失，要控制冷库湿度，一般相对湿度为 95%。在温度为 1~2 ℃，相对湿度 95% 的条件下，蓝莓果实最长可保鲜 30 d 左右。

2. 冷冻保存

果实采收分级包装后，不能及时加工，或待果实市场价格高时出售，可将果实制成冷冻果长期保存，但冷冻果生食风味略偏酸，主要用于加工。

蓝莓果实冷冻时间在 6 个月以上，温度要求 –20 ℃以下，用 10 kg 聚乙烯袋或其他容器分装，然后装箱。运输过程中要保证冷冻温度，防止果实解冻。

3. 速冻贮存

为了更好地保持蓝莓原有风味和品质，现代化生产采用了半自动化速冻生产流水线。速冻是利用超低温（–40~–35 ℃）在短时间内（12~15 min）使果实中心温度降到 –20 ℃，然后贮存在 –20 ℃低温下，运输也要保证在此温度下进行，6 个月以上贮存则要降低温度至 –35 ℃以下。

单体速冻果品（IQF）是目前世界蓝莓果品初级加工和进出口贸易最主要的产品形式，可以最大限度地保持果实风味和品质，满足长时间贮存需要。目前美国和日本等国主要采用半悬浮流态床式单体速冻设备和技术，可以防止果实速冻中的粘连，保持果实单体分离状态。

4. 气调贮藏

现在最先进的水果气调贮存保鲜技术是超低氧气调贮藏技术。采用变压吸附技术生产高纯度氮，结合二氧化碳吸附技术使低温库内产生 1% 以下低氧环境，可以使蓝莓鲜果贮藏达到 2 个月，超市货架期增加到 14 d。

六、蓝莓果实可以加工成哪些产品？

在国际市场上，蓝莓鲜果大约 70% 用于鲜食，30% 用于加工。

目前蓝莓在我国栽培面积和产量还未达到大规模产业化加工的要求，但随着栽培规模不断扩大和市场需要，对先进加工技术和设备需求将增加。目前国内已经有蓝莓果汁、果酒、果酱等产品上市。

（一）蓝莓鲜果

1. 工艺流程

蓝莓 → 采收 → 除杂 → 分级 → 清洗 → 包装 → 冷藏 → 商品

2. 操作要点

(1) 采收　选晴天早上（露水干）或黄昏时分采收成熟的蓝莓，以人工或用带木制耙齿的采收器进行采收，采收过程应尽量避免机械损伤，采收后去除果梗、果枝、叶片等杂质。

(2) 分级　用偏振筛按大小分为两级，将饱满、果径 0.8 cm 以上的一级鲜果挑出，用清洁流水洗去果面泥沙、灰尘和部分微生物。

(3) 包装　待果实表面无残留水珠后分装于盒式容器中，用保鲜膜包装即可冷藏销售。二级鲜果果形较小，可用于加工果酱、果汁或果酒。

（二）蓝莓果酱

1. 工艺流程

蓝莓 → 采收 → 除杂 → 清洗 → 烫漂 → 煮制 → 调配 → 灌装 → 成品

2. 操作要点

(1) 除杂及清洗　去除杂质、霉果及破碎果，用流水冲洗干净，除去泥沙、灰尘及果梗等。

(2) 烫漂　在 100 ℃条件下烫漂 5 min，充分杀灭酶的活力。

(3) 煮制及调配　烫漂后的果实用机械破碎后果实：蔗糖：水按 2 ： 2 ： 1 的比例加糖和水熬煮，按总量添加 1% 琼脂（琼脂预先用热水浸煮后过滤备用）和 0.3% 柠檬酸。加糖调整糖度至 65%，煮沸 10 min 即可出锅。

(4) 灌装，冷却　趁热装入已洗净晾干的果酱瓶中，排气后上盖密封，分三段冷却，即可得到蓝莓果酱产品（图 8-10）。产品应尽量避光保存，防止花青素光解反应。杀菌条件为沸水 10 min。

图 8-10　蓝莓果酱

（三）蓝莓果汁

1. 工艺流程

蓝莓果实 → 清洗 → 灭酶 → 打浆 → 澄清 → 配料 → 均质 → 杀菌 → 灌装 → 封盖 → 成品

2. 操作要点

(1) 灭酶　将蓝莓挑选、除杂、清洗后，在 100 ℃条件下烫漂 5 min，杀灭酶的活力。

(2) 热浸提、打浆　添加 0.1% 果胶酶，在 50 ℃条件下恒温 2 h，促进花青素色素的浸出和果胶水解。用打浆机打浆后过滤。

(3) 澄清、精滤　加 1% 明胶溶液，混匀后静置 24 h，按 49 g/L 用量加硅藻土混匀，用硅藻土过滤机过滤。

(4) 调配　加优质蔗糖和柠檬酸调整糖含量为 16%，酸含量为 0.2%。

(5) 杀菌　采用片式热交换器 120 ℃、3 s 高温瞬时杀菌，装瓶密封即为成品。

（四）蓝莓果酒

1. 工艺流程

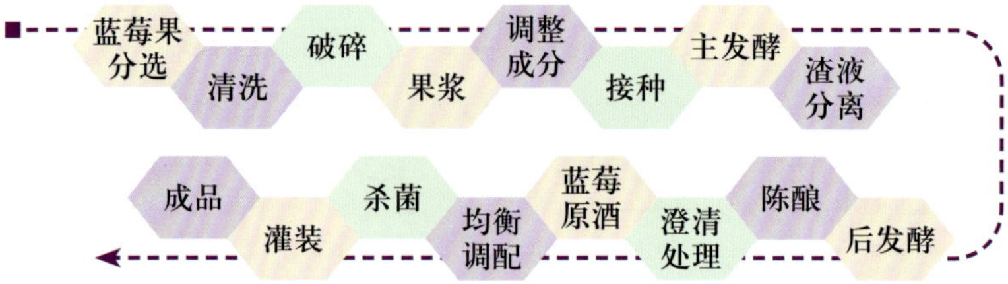

2. 操作要点

(1) 蓝莓果的分选　选择果型完整，充分成熟，无霉烂变质的蓝莓作为原料。

(2) 清洗、打浆　取汁将蓝莓果进行清洗除去表面泥沙后，经榨汁机进行榨汁破碎，在此期间加入果胶酶和亚硫酸。果胶酶用量为 0.25%，亚硫酸添加量为 50 mg/L。

(3) 调整成分　蓝莓果汁中的含糖量偏低，不利于酒精发酵，需另外添加白糖使其含糖量提高到 18°Brix。

(4) 接种　在蓝莓汁中加入 2%~4% 的活性酵母液。活性酵母液可用 2% 的蔗糖溶液在 35 ℃下加入 10% 干酵母，复水活化 30 min。

(5) 主发酵　接种后的蓝莓汁于 25 ℃下进行发酵，持续 7 d 左右，主发酵结束后进行渣液分离。

(6) 后发酵　主发酵完的蓝莓汁于 20 ℃下继续发酵 14 d，发酵结束后立即换桶，进行陈酿。

(7) 陈酿　新发酵完的果酒口感不醇和，需要进行后续的陈酿使其品质进一步提高。一般温度控制在 15~18 ℃，时间 3 个月，陈酿时酒罐要储满，防止酒氧化。

(8) 澄清调配　通过明胶单宁法进行澄清处理，明胶加量为 20~100 mg/L，之后进行过滤处理，即得蓝莓原酒，测定原酒的酒精度、酸度，并根据原酒的色、香、味和监测数据进行调配。

(9) 灭菌灌装　采用瞬时灭菌法进行灭菌处理，无菌灌装后即得成品（图 8-11）。

图 8-11　蓝莓果酒和果酱

（五）蓝莓果醋

1. 工艺流程

2. 操作要点

(1) 蓝莓汁的制备　取新鲜成熟的蓝莓果，挑出霉烂果及杂质，用清水冲洗干净后，投入榨汁机中榨汁，再将榨出的果汁连果渣一起放到储备罐中备用。

(2) 果汁成分的调整　果汁初始发酵的糖度、酸度是影响酒精发酵的主要因素，发酵前应调整果汁的糖酸度。

①糖度的调整

如果不考虑发酵过程的中间产物，每千克全糖可产醋酸 0.666 7 kg。按下列公式调整蓝莓果汁糖度：

$$X=(B/0.666\,7-A)W$$

式中：X 为应加糖量（kg）；

B 为发酵后应达到的酸度（以醋酸计，g/g 蓝莓汁）；

A 为蓝莓汁含糖量（以葡萄糖计，g/g 蓝莓汁）；

W 为蓝莓汁重量。

②果汁酸度调整

再按公式 $m_2=m_1(Z-W_1)/(W_2-Z)$ 调整，将蓝莓果汁的 pH 调整到 3.5。

式中：Z 为要求调整的酸度（%）；

m_1 为果汁调整后的质量（kg）；

m_2 为需添加的柠檬酸量（kg）；

W_1 为调整酸度前果汁的含酸量（%）；

W_2 为柠檬酸液浓度（%）。

3. 酒精发酵

（1）高活性酵母的活化 将高活性干酵母无菌条件下加入 35 ℃、2% 糖水中复水 15 min，然后温度降至 34 ℃条件下 1 h，活化后备用。

（2）酒精发酵及管理 将准备好的果汁灭菌后，按 2/3 体积装入发酵罐中，再将活化的酵母液加入发酵罐，搅拌均匀。密闭发酵，每天对发酵果汁的糖度、酒精含量进行测定，至果渣下沉，酒度和糖度不再变化，表明蓝莓酒精发酵结束，滤出残渣，再将发酵液放到用来醋酸发酵的发酵罐中。

4. 醋酸发酵

（1）醋母的制备 固体培养：取浓度为 1.4 的豆芽汁 100 mL，葡萄糖 3 g，酵母膏 1 g，碳酸钙 2 g，琼脂 2.5 g，混合，加热熔化，分装于干热灭菌的试管中，每管装 4~5 mL，在 1 kg 的压力下灭菌 15 min，取出，再加入酒精体积分数为 50 的酒精 0.6 mL，制成斜面，冷却后，在无菌条件下接种醋酸菌种，30 ℃培养箱中培养 2 d。

（2）液体扩大培养 取 1% 豆芽汁 15 mL，食醋 25 mL，水 55 mL，酵母膏 1 g，酒精 3.5 mL，装在 500 mL 三角瓶中，无菌条件下接入固体培养的醋酸菌种 1 支，30 ℃恒温培养 2~3 d，在培养过程中充分供给氧气。促使菌膜下沉繁殖，成熟后即成醋母。

（3）醋酸发酵及管理 按原料 10% 的比例，将醋母接入到准备醋酸发酵的蓝莓酒液中，搅拌均匀，给足氧气，每天观察发酵情况，并测定发酵液的酸度和酒度，直到酒度不再降低，酸度不再增加，发酵结束。

5. 陈酿

为提高果醋的色泽、风味和品质，刚发酵结束的果醋要进行陈酿。为防止果醋半成品变质，陈酿时将果醋半成品放在密闭容器中装满，密封静置半年即可。

6. 精滤

陈酿的果醋含有果胶物质，长时间存放易沉淀，影响感官品质，加果胶酶解后再用离心机精滤。

7. 灭菌及成品检验

将澄清后的果醋，用灭菌机灭菌，趁热装瓶封盖静置 24 h 检验合格后即为成品。

8. 检验方法及检验指标

总糖含量（可溶性固形物）：手持糖度计；酸度测定：中和滴定法；酒精含量：蒸馏法测定。成品醋检测标准：按 GB 18187—2000 酿造食醋。

感官指标：深紫红色且色泽艳丽，具有食醋特有的香气，蓝莓香味浓，无其他不良异味。酸味柔和，体态澄清，无悬浮物，无醋膜。

理化指标：总酸（以醋酸计），g/dL ≥ 3.5；可溶性无盐固形物，g/dL ≥ 0.5。

卫生指标：大肠杆菌群，MPN/dL ≤ 3；致病菌不得检出。

（六）蓝莓保健茶

1. 工艺流程

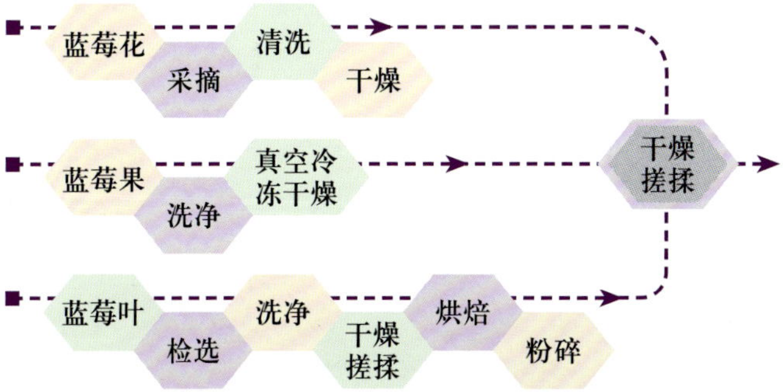

2. 操作要点

(1) 蓝莓花的选择与制备　蓝莓花应在开花期选择花丛过密（过密的花丛会影响果实饱满度）的花朵和已开花但因种种原因即将凋零的花瓣进行采摘，不要采摘过度，以免影响果实收获。采摘后的花瓣经过清洗、自然干燥或利用干燥机干燥后保存待用。

(2) 蓝莓残余果的制备　通风干燥法与真空冷冻法相比会降低花色素含量1/3 左右，颜色也会发生变化，因此对果实的处理宜采用真空冷冻法进行。具体程序如下：把颗粒小、颜色差、不能上市的果实挑选出来后，除去枝叶等杂物，清洗、沥干、装入冰柜预冻。预冻温度为 −30 ℃。干燥前首先将冷阱预冷至 −35 ℃，打开干燥仓门，装入冻透的蓝莓果，关上仓门，启动真空机组进行抽真空，当真空度达到 60 Pa 时，开始加热，加热过程中需要保证稳定的工作真空度，而且保证物品最高温度不超过 50 ℃，平均脱水率应达到 82.6%。冻干蓝莓果保持了原有的颜色，具有浓郁的新鲜蓝莓果芳香气味，且复水较快，复水后芳香气味更为强烈，复水后的冻干蓝莓果接近新鲜蓝莓果的风味。

(3) 蓝莓叶的制备　叶的选摘应在果实收获后，采摘预定剪枝枝干上的叶，并且要在叶片变红前进行，因为叶片变红后叶片中的有机酸含量会迅速减少。采摘后洗净，然后进行 15~20 h 的自然干燥，将干燥后的叶片装入布袋，用手搓揉15 min，然后放在干燥箱内在 100 ℃温度下干燥 1 h 即可。

(4) 调配　每 100 g 水中，蓝莓叶粉末的量为 0.65~1.0 g，蓝莓果实量为0.2~0.33 g，干燥花瓣 1~2 瓣。按此比例得到的蓝莓保健茶颜色呈红紫色，酸甜味处于均衡状态，口感最佳。此量与常用袋茶容量相当，成品以袋茶出品，便于饮用。

第九章
Chapter 9

蓝莓病虫鸟害防治技术

防治病、虫、草、鸟、冻害等是蓝莓栽培管理中的重要环节。尤其是各种病虫害危害蓝莓的叶片、茎干、根系及花果，造成树体生长发育受阻、导致减产或绝收、使果实商品价值降低甚至失去商品价值。病虫害防治应坚持“预防为主、综合防治”的原则，优先采用农业措施、物理防治和生物防治，必要时可采用化学防治，但应符合无公害生产要求。化学防治时，在蓝莓果实成熟前 20 d 至采摘结束前禁止用药。

蓝莓作为我国一个新兴的健康保健果品，严格把好检疫关的同时，应积极开展蓝莓病虫害发生规律和防治措施的研究，以减少病虫害的发生。蓝莓病虫害防治的关键在于保证建园的苗木健壮无病虫害以及细心的管理，每年春季适度修剪，剪除染病的枝条，疏除过密的枝条，保持灌丛通风良好，减少细菌和真菌的感染和繁殖。合理施肥保持植株健壮，能够较好地抵抗病虫害。

一、蓝莓常见的病害有哪些？如何进行防治？

危害蓝莓的病原有真菌、细菌和病毒等几十种病害。这里主要介绍生产中危害普遍的几种。

1. 灰霉病

灰霉病是对产量影响最严重的病害（图 9-1）。各蓝莓产区均有发生，灰霉病的发生与气候条件及品种有着密切的关系。在我国北方设施蓝莓栽培中也有发生。

病菌侵染幼嫩的绿色小枝、花、叶片和果实，造成严重损失，尤其是当花期持续降雨时更为严重。植株成熟部分很少受到感染。受害的幼嫩枝条首先由褐变黑，最后褪色变成黄褐色或灰色。在感病嫩枝上可见黑色硬块。枯萎花上出现大量灰色的菌丝体和分生孢子。发育的果实也会被感染，但直到果实采收后才开始腐烂。受害果实表面起皱，病菌在果实表面产生大量的分生孢子。幼叶通常由于接触感染的花而受害，出现褪绿斑，然后坏死，变成亮褐色。受害叶片上也产生分生孢子。花枯萎和果实腐烂会造成当年产量的损失。幼枝染病导致花芽数量减少，会造成下一年的产量下降。

在花期使用有效的杀菌剂能够控制灰霉病。北方温室可以在升温前及升温早期，使用百菌清、嘧霉胺等烟熏剂进行熏棚，也可以使用哈茨木霉菌进行防治。病害发生后可以使用异菌脲、嘧霉胺等药剂交替使用进行防治。通过修剪，改善树体通风透光；通过地膜覆盖降低空气湿度；选用抗病品种等方法创造不利

图 9-1　蓝莓灰霉病

于灰霉病发生的条件。如果是果实发育期用药需要注意不要污染果实和减少农药残留。

2. 僵果病

僵果病是高丛、矮丛和兔眼蓝莓上的重要病害(图 9-2)。在高丛蓝莓上造成的最大损害是营养组织受害,造成花枯萎甚至全部花序干枯。在兔眼蓝莓和矮丛蓝莓上,叶片、嫩枝和花的干枯带来的损害比果实干枯造成的损害更大,产量损失非常严重。在最严重的年份,僵果病可使 70%~85% 的蓝莓受害,较轻的年份也可达 8%~10%。

僵果病的早期症状是春季生长的叶和芽枯萎,在 24 h 内枝条上部、叶片中脉、侧脉变褐。变色 24~72 h 后,营养枝、叶片和受害的花全部死亡。在干枯枝条上的灰斑上形成分生孢子,散发出一种像发酵茶一样的特殊香气。所有受害部分最终从植株上脱落。春季症状过后,感染的植株不再出现其他症状,直到果实成熟才进一步表现出症状。染病果实变成奶白色至橙红色,最后变成黄褐色或

图 9-2　蓝莓僵果病症状

灰白色。开始的时候发软，最终干缩变硬。

僵果病的发生与气候及品种相关。早春多雨和空气湿度高的地区发病重，冬季低温时间长的地区发病重。通常在低洼、潮湿的地区受害最重。相对湿度高有利于在枯萎组织中产生分生孢子梗和分生孢子。风和雨会影响分生孢子的扩散。蜜蜂传粉能特别有效地把分生孢子传播到健康花朵的柱头上。生产中可以通过品种选择、地区选择降低僵果病害。入冬前，清除果园内落叶、落果，烧毁或埋入地下，可有效降低僵果病的发生。春季开花前浅耕和土壤施用尿素也有助于减轻病害的发生。根据不同的发生阶段，使用不同的药剂进行防治。早春喷施 0.5% 的尿素，可以控制僵果病的最初阶段，开花前喷施 50% 速克灵可以控制生长季发病、或选用 70% 代森锰锌可湿性粉剂 500 倍液、70% 甲基托布津 1 000 倍液、50% 多菌灵 1 000 倍液或 40% 菌核净 1 500~2 000 倍液。

3. 蓝莓贮藏腐烂病

该病是蓝莓采后贮藏的一种常见病害（图 9-3），多由于在生长季植株带菌，

图 9-3　蓝莓贮藏腐烂病

采摘贮藏时发病造成果实腐烂。病原由灰霉、青霉、链格孢、芽枝霉等真菌引起的腐烂，或者是生理性的如人工采摘时造成的伤口、冻伤等，都会造成蓝莓果实的腐烂。蓝莓贮藏期病害的主要症状为果实上生灰色或者黑色霉层，果实变软，凹陷，尤其是有伤口的果实，腐烂速度会更快。采收时摇动果柄造成内伤，是诱发该病的主要原因，果柄失水干枯往往加重发病。

防治技术，合理的栽培技术措施有利于蓝莓果实含糖量的积累，这是增强果实贮藏性的前提。应增施有机肥和磷钾肥，后期严格控制氮肥的使用，采前半个月内停止灌水。要合理负载，加强病虫害的综合防治。此外，采前喷钙可以增加果实中的钙含量，保持果实的硬度，增强果实的耐贮性，提高果实的抗腐能力。蓝莓果实含钙水平是决定其耐贮性的一个因素。适期采收，避免碰伤。蓝莓果实属于非呼吸跃变型，采后碳水化合物含量因呼吸作用而降低，并直接影响蓝莓果实的贮藏品质和贮藏期。贮藏前消毒杀菌、贮藏期抑菌处理。SO_2 是贮藏库消毒杀菌的最佳药剂。不同品种对 SO_2 的忍受能力各不相同，必须事先试验确定合适的浓度。一般按 20 g/m^3 硫黄粉进行熏蒸处理。除此之外，仲丁胺、过氧乙酸等也可用。贮藏期中，采取低温、气体调节、辐射杀菌和药剂杀菌等措施，创造不利于病菌生长的环境，提高蓝莓贮藏性，延长贮藏期，达到保鲜的目的。经常检查制冷系统确定是否有氨气遗漏，如有要尽快打开贮藏库换气，喷水洗涤空气，也可引入 SO_2 中和氨气，SO_2 浓度不可高于 1%。

4. 蓝莓白粉病

白粉病在蓝莓上发病比较普遍，但是危害性较小。病原为担子菌亚门、叉丝壳属真菌性病害。在中夏以前，叶片不表现症状，后期叶片出现淡绿色、黄色或淡红色斑点，叶片出现皱纹，在叶背面出现水浸状斑点。植株上部叶片正面会产生白色的粉状物，个别情况下受害严重的叶片会落叶。

发病规律，夏末被侵染的叶片产生黄色或黑色子实体，春季被侵染叶片的子实体产生随空气传播的孢子，子实体只着生在叶片表面，夏季叶片产生孢子并随风传播，高温、高湿的条件为发病创造有利条件。

防治方法：种植抗病品种；降低果园湿度；药剂防治，发病初期可喷 30% 氟菌唑（特富灵）5 000 倍液，25% 阿米西达悬浮剂 1 500 倍液预防会有非常好的效果，也可选用 75% 达科宁可湿性粉剂 600 倍液，或四氟醚唑和硫黄悬浮剂，或 10% 世高水分散粒剂 2 500~3 000 倍液，或 32.5% 阿米妙收悬浮剂 1 000 倍液，或 80% 大生可湿性粉剂 600 倍液，或 40% 信生可湿性粉剂 6 000~8 000 倍液，或 43% 菌力克悬浮剂 3 000 倍液，或 70% 品润干悬浮剂 600 倍液，或 2% 加收米水剂 400 倍液，或 40% 福星乳油 6 000~8 000 倍液等。

5. 蓝莓锈病

锈病主要为害蓝莓叶片，多从上部叶片侵染，感病叶片发病初期在叶面产生油亮的褪红褐色斑点，直径 1~2 mm，随病情发展病斑变成棕红色锈斑，中部颜色较深，外围较淡，中间部分形成许多橙黄色小粒点，叶片病斑较多时，叶背面可见到黄橙锈病脓疱，斑点叶子变成棕色、甚至卷曲，引起病叶变黄，提早脱落(图 9-4)。

图 9-4 蓝莓锈病为害状

蓝莓锈病属真菌病害，病原属担子菌亚门膨痂锈菌属。锈病属于转寄主病害，即必须在转主寄主桧柏类树木上越冬才能完成侵染循环。在生产上应用代森锰锌、吡唑醚菌酯、腈苯唑、苯醚甲环唑、戊唑醇等药剂对锈病有很好的防治效果，但是均未在蓝莓生产上登记，因此一定要按农药使用规范用好药剂。

生产中根据蓝莓锈病的发生量与降雨持续时间呈正相关的特性，建议采取以下防治措施：对易感病品种，在蓝莓坐果后如遇降雨量大于 20 mm、持续时间超过 24 h，在降雨后 3 d 内应喷施 1 次 25%（质量分数，后同）吡唑醚菌酯乳油 1 500 倍液。在果实采摘后，要及时喷施 80% 代森锰锌可湿性粉剂 600 倍液防病，每 15 d 1 次；进入连续降雨季节后要每天检查蓝莓叶片有无锈病斑点（红色小点）出现，如果出现病斑，应及时喷施三唑类杀菌剂防治。喷药后病情持续发展可连续用药防治，间隔 5~7 d，连续防治 2~3 次。

二、蓝莓常见的虫害有哪些？如何进行防治？

据调查，为害蓝莓的害虫达 9 个目、57 个属、292 个种。为害蓝莓的害虫按照其为害部位，主要分为食芽害虫、食果害虫、食叶害虫、根部害虫与茎部害虫。各种害虫通过为害蓝莓的叶片、茎干、根系及花果，造成树体生长发育受阻，产量降低，果实商品价值降低甚至失去商品价值。为害蓝莓的主要害虫有为害蓝莓叶片的黄刺蛾、叶蝉、叶螟和卷叶螟；为害蓝莓茎干的介壳虫和茎尖螟虫；为害蓝莓芽蔓的蓝莓象甲和蓝莓蚜螨；为害蓝莓果实的李象虫、蓝莓蛆虫、蓝莓果蛆虫和樱桃果蛆虫。

1. 蓟马

蓟马为缨翅目昆虫，体小不易察觉，怕强光，白天往往隐匿在蓝莓花内或叶片背面，在蓝莓生产中往往见到蓟马为害症状才觉察到蓟马危害，但此时已对生产造成一定的影响。蓟马以成虫和若虫锉吸植株幼嫩组织汁液，对蓝莓的花序、叶、枝及果均能造成危害（图 9-5）；为害蓝莓花序造成蓝莓花序干枯、脱落；为害花蕾，花蕾呈现水渍状，影响花蕾正常的开放；为害蓝莓叶片，往往造成被害叶片叶缘卷曲不能伸展，严重的呈现“铁锈”色、僵硬、变厚、变脆，容易脱落；嫩枝受蓟马为害后，枝条表面出现木栓化，影响枝条的生长及后期花芽的形成；蓝莓果实受蓟马为害后，果面出现明显的木栓斑，造成生长量的减少。总之，蓟马对蓝莓各幼嫩组织均能造成直接的为害，对蓝莓生长及产量造成一定的影响，蓟马间接造成的为害在生产中还未明确。

图 9-5　蓟马为害

防治措施

(1)适时灌溉　提高设施内及区域内空气湿度:因为高温干旱有利于蓟马的发生,因此结合蓝莓的物候期做到适时合理浇水,能一定程度上减少蓟马的危害。

(2)覆盖地膜　在设施内采取垄面覆盖地膜的措施,一则可以抑制杂草的生长,二则利用"蓟马幼虫高龄末期停止取食,落入表土化蛹"的特性阻断落地化蛹通道,可有效降低蓟马危害。

(3)诱杀成虫　粘虫板诱杀,此举主要利用蓟马趋蓝色的习性,在冷棚内设置蓝色粘虫板,诱杀成虫,降低蓟马种群数量,粘板悬挂高度一般与蓝莓树持平。

(4)药剂防治　为了更好地控制蓟马对蓝莓花的危害,在操作上述三项措施后,再进行一次药剂喷施,喷药时间应在花期前7~10 d。可选用药剂有呋虫胺、乙基多杀菌素等。

2. 果蝇

果蝇属于昆虫类,对成熟的蓝莓果实有危害(图9-6)。6、7月份正是蓝莓成熟的季节,同时也是果蝇繁殖最旺盛的季节,成熟的蓝莓给果蝇带来了丰盛的食物来源。许多果蝇选择把虫卵产在蓝莓的果实中,破坏了蓝莓果实的质量,大大降低了蓝莓的产量,影响了蓝莓的市场销售,给蓝莓收获以后的果实处理和加工带来了困难。防治方法一是培育蓝莓新品种,错开果蝇排卵时期;二是利用杀虫剂灭杀果蝇,将选用的甲基丁香油放到瓶子里,瓶口打开,果蝇闻到甲基丁香油的味道就会钻进瓶中,只要果蝇吃了甲基丁香油就会死亡;三是用糖醋毒杀果蝇,将麦麸炒香,加入糖和醋,用敌敌畏搅拌,放在蓝莓果树的树下引诱果蝇前来食之。四是将漂白水喷洒在蓝莓果园潮湿的土壤中,对果蝇的幼虫进行消杀。

3. 蚜虫

蚜虫主要为害蓝莓的嫩叶、嫩芽以及蓝莓的花蕾(图9-7),刺吸蓝莓植株的汁液,当蓝莓被蚜虫为害以后,会出现植物失去绿色,改变颜色,整棵蓝莓苗缩小,严重的会导致枝叶枯萎。蚜虫携带细菌多、繁殖速度快,对蓝莓的栽培危害非常的大。防治方法:一是在蚜虫大量繁殖的季节,采用植物专用的农药,如苦

图 9-6　果蝇为害蓝莓果实

图 9-7　蚜虫为害蓝莓幼嫩新梢

参碱和印楝素等防治蚜虫;二是养殖蚜虫的天敌,预防和控制蚜虫的繁殖。蚜虫的天敌包括瓢虫、蜘蛛、草蛉、寄生蜂等。从某种程度上来讲,保护这些蚜虫的天敌,是对蓝莓的有效防护。

4. 蛴螬

蛴螬属于鞘翅目金龟子总科的幼虫,对蓝莓的根部危害最大,蛴螬的成虫以食蓝莓的叶子为生(图 9-8),1 年生产 1 代,蛴螬的幼虫寄居在土壤中越冬,主要以 2 龄幼虫越冬兼有 3 龄(图 9-9)。在春天到来时,土壤中的温度达到 5 ℃以上适宜蛴螬幼虫活动时,就开始为害蓝莓的根部了。防治措施:肥料要选用充分腐熟的有机肥,减少成虫产卵。对蛴螬成虫的防治可以使用频振式杀虫黑光灯诱虫。人工捕捉成虫,在成虫盛发期的每日上午对丽金龟和花金龟等日出性成虫直接捕捉或利用假死性振落法捕捉。药剂防治:①颗粒剂撒施、穴施或沟施。可用 3% 辛硫磷颗粒剂 10 kg/667 m^2。②药液灌根法。可利用滴灌给药或逐棵浇灌,注意控制兑水量保证药液浓度,同时要保证蓝莓根系被药液浸润,使用 40% 辛硫磷兑水后浓度应达 1 000~2 000 倍,10% 高效氯氰菊酯乳油浓度应达 1 000 倍。辛硫磷、毒死蜱成分持效期较长,高效氯氰菊酯等菊酯类杀虫速度快,持效期短而成本低,可与前两者之一合理混用。③防治成虫。成虫发生期可选用菊酯类农药(如 10% 高效氯氰菊酯 1 000 倍液)喷雾防治。

5. 叶蝉

叶蝉属于半翅目叶蝉科,对禾谷类、蔬菜、果树、林木等都有危害。叶蝉对蓝莓叶片的直接为害并不严重,但可携带病菌并传播病菌从而造成蓝莓植株的生长不良。叶蝉主要吸食蓝莓嫩梢皮层的汁液,取食蓝莓的养分和身体中的水分(图 9-10),导致蓝莓叶片萎缩、卷曲、凋落、枯死,影响蓝莓的生长。防治方法:在冬季,认真清理蓝莓的落叶,减少叶蝉的幼虫越冬。可利用灯光诱杀叶蝉的成虫,或是选用高效氯氰菊酯乳油、啶虫脒等药剂喷雾,注意田间杂草也要喷施。及时清理蓝莓身边的杂草,使叶蝉没有安身的地方。

6. 美国白蛾

美国白蛾属鳞翅目灯蛾科。美国白蛾是世界性的检疫害虫。幼虫食性杂,繁殖量大,适应性强,传播途径广,为害多种林木和果树,也为害农作物、蔬菜及野生植物。在幼虫期有结织白色网幕群居的习性,1~3 龄群集取食寄主叶背的叶肉组织,留下叶脉和上表皮,使被害叶片呈白膜状,4 龄开始分散,不断吐丝将被害叶片缀合成网幕,网幕随龄期增大而扩展(图 9-11)。5 龄后,食量大增,仅留

图 9-8　金龟子为害叶片

图 9-9　金龟子幼虫蛴螬和成虫

图 9-10　大青叶蝉为害状　黄国辉

叶片的主脉和叶柄。美国白蛾一年发生 2 代,以蛹越冬。翌年 5 月上旬至 6 月中旬越冬蛹羽化出第 1 代成虫,5 月下旬至 6 月初是羽化高峰期。6 月上旬是幼虫网幕始见期,6 月下旬至 7 月初是网幕盛发期,7 月中旬到 8 月初是老熟幼虫化蛹期。第 2 代成虫期为 7 月下旬到 8 月中旬,7 月末到 8 月中旬是成虫羽化高峰期;幼虫始见期在 8 月初,8 月下旬至 9 月初是网幕盛发期,此期是美国白蛾全年危害最严重的时期,若不及时防治,会造成整株受害果树树叶被吃光的现象。9 月中旬老熟幼虫开始化蛹,至 10 月中旬结束。调查中还发现美国白蛾出现世代重叠现象,7 月下旬至 8 月下旬世代重叠现象较为严重,可以同时见到卵、初龄幼虫、老龄幼虫、蛹及成虫。

防治方法。生物防治是采用 Bt 乳剂(100 亿活孢子 /mL)150~200 倍液喷雾防治。也可用苦参碱进行防治。物理防治是在幼虫 3 龄前发现网幕后人工剪除网幕,并集中处理。如幼虫已分散,则在幼虫下树化蛹前采取树干绑草的方法诱集下树的幼虫,定期集中处理。黑光灯诱杀可一盏灯控制 60 亩地。药剂防治时药剂选用溴氰菊酯乳、苦参碱、灭幼脲、甲氨基阿维菌素苯甲酸盐等均可有效控制此虫危害。

图 9-11　美国白蛾危害状

7. 黄刺蛾

黄刺蛾，幼虫俗称洋辣子、八角，属鳞翅目刺蛾科。喜聚群生活，肆无忌惮地啃食蓝莓叶子。黄刺蛾除四川、广西、云南、湖南目前尚无记录外，我国其他各省（市、自治区）均有分布。以幼虫为害树莓、枣、核桃、柿、枫杨、苹果、杨等90多种植物，可将叶片吃成孔洞、缺刻或仅留叶柄、主脉，严重影响树势和果实产量（图9-12）。防治方法：消灭越冬虫源：刺蛾越冬代茧期历时较长，一般可达7个月，可以根据刺蛾的结茧地点分别用敲、挖、翻等方法消灭越冬茧，从而降低来年的虫口基数。摘除虫叶集中销毁：刺蛾的低龄幼虫有群集为害的特点，幼虫喜欢群集在叶片背面取食，被害寄主叶片往往出现白膜状，及时摘除受害叶片集中消灭，可杀死低龄幼虫。消灭老熟幼虫：老熟幼虫多于晚上或清晨下地、结茧，可在老熟幼虫下地时杀灭，以减少下一代虫口密度。灯光诱杀：成虫具有一定的趋光性，可在其羽化盛期设置黑光灯诱杀成虫。生物防治：Bt制剂（含100亿孢子/g或mL）125 g，兑水100 L喷雾，若与90%晶体敌百虫30~50 g混用效果更好。天敌昆虫：上海青蜂可将卵产于黄刺蛾幼虫虫体上寄生，幼虫在寄主茧内越冬，翌年4—5月成虫咬破寄主茧壳羽化，其寄生率可达58%；此外，黑小蜂、姬蜂、寄蝇、赤眼蜂、步甲和螳螂等天敌对黄刺蛾发生量也可以起到一定的抑制作用。化学防治：幼虫3龄前抵抗力弱，可用干黄泥粉喷撒杀死，5龄后抗药性增强，可用20%氰戊菊酯、2.5%溴氰菊酯乳油25 mL，50%杀螟松乳油80~100 mL、50%辛硫磷乳油50~80 mL等兑水100 L喷雾，每公顷树冠覆盖面积喷药2 250 L。

图 9-12　黄刺蛾为害状

8. 卷叶螟

卷叶螟主要为害蓝莓的叶片和嫩梢(图 9-13),表现为幼虫将叶片卷起,对蓝莓的生产影响较小。有效防治方法为喷施防治果实虫害的杀虫剂。

9. 介壳虫

介壳虫是为害蓝莓茎干的主要害虫,最常见的害虫是弯钩圆蚧和泥龟蜡蚧,介壳虫可引起树势衰弱、产量降低、寿命缩短。如果修剪不及时,往往侵害严重(图 9-14,图 9-15)。

图 9-13　卷叶螟为害嫩梢

图 9-14　介壳虫为害蓝莓枝条

图 9-15　介壳虫为害蓝莓果实

防治方法。生物防治:保护引进释放天敌。天敌有瓢虫、草蛉、寄生蜂等。物理防治:选择无介壳虫种苗栽植建园,苗木、接穗、砧木,修剪时剪除虫枝或用粗布干草等刷除虫体。刚落叶后或发芽前喷含油量 10% 柴油乳剂。化学防治:初孵若虫分散转移期喷洒 50% 螺虫乙酯水分散粒剂 3 000~4 000 倍液或 22% 氟啶虫胺腈悬浮剂 5 000 倍液等。其中螺虫乙酯为保证药效应在树叶茂盛时使用,也可用 99% 矿物油乳油 100~200 倍液喷雾防治,冬季休眠期用 45% 松脂酸钠 80~100 倍液。

三、蓝莓园杂草为害如何进行防治?

除草是蓝莓园管理中的重要一环,除草蓝莓园比不除草蓝莓园产量可提高 1 倍以上。但人工除草费用高,土壤耕作又容易伤害根系和树体,因此化学除草在蓝莓栽培中应用广泛。尤其是矮丛蓝莓,蓝莓园形成后由于根状茎串生行走,整个蓝莓园连成一片,无法进行人工除草,必须使用除草剂。蓝莓园中化学除草有许多问题,一是土壤中大量有机质可以钝化除草剂;二是过分湿润的土壤使喷洒除草剂的准确时间不定;三是台田栽培时,台沟及台面很难均匀喷洒除草剂。尽管如此,在蓝莓园中应用除草剂已获得较好的效果。

除草剂的使用应尽可能均匀一致,可采用人工喷施和机械喷施。喷施时,压低喷头,喷于地面,尽量避免喷到树体上。目前尚无对蓝莓无害的有效除草剂,因此除草剂的使用应严格按照说明执行,对新型除草剂,要经过试验后方能大面积应用。下面介绍几种常用除草剂。

①敌草隆　蓝莓园中最常用的除草剂,能够杀死大多数的一年生阔叶杂草,包括荞麦和牧草。蟋蟀草和红根草也可被控制。应用敌草隆可基本上控制杂草,而对树体和产量无不良影响;过量使用(4.516 8 kg/hm^2)连续 5 年才对树体略有伤害。适宜用量为 2.241 68 kg/hm^2,使用的时间为春季到果实采前 1 周。注意敌草隆对多年生杂草无效。

②西马津　对控制一年生杂草有效,它主要靠根系内吸起作用,应在杂草萌芽以前施用。在杂草出土前,当有充足降雨之后马上喷施西马津,这样药剂很快被杂草吸收而起作用。西马津起作用后,杂草叶片和顶端失绿。使用剂量为 4.516 8 kg/hm^2,使用时间在萌芽前。西马津对蓝莓不仅没有伤害作用,而且还能促进其地上部生长。

③氯苯氨灵　使用剂量为 6.716 8 kg/hm^2,应用时间为春季萌芽前和秋季,用于控制一年生杂草,春季施用对控制菟丝子和攀缘荞麦有效。但对一年生阔

叶杂草无效，使用时需与其他除草剂配合使用。

④2，6- 二氯苯　应用剂量为 4.5~6.716 8 kg/hm^2，从 11 月中旬到翌年 3 月初对一些多年生杂革和一年生杂草有效。但 6 月份以后失去作用，需用敌草隆、西马津作补充。

⑤草甘膦　用于灭杀难以控制的多年生恶性杂草，如鹅观草。但生长季应用会引起蓝莓枯梢、叶片失绿等症状。成龄树上土施少量，药害症状需过 1 年后才能恢复。因此，草甘膦主要用在行间或台沟。

四、蓝莓园鼠害及鸟害如何进行防治？

树体越冬时，有时易遭受鼠害，尤其在土壤覆盖秸秆、稻草时，田鼠等啃咬树皮，使树体受到伤害甚至死亡，入冬前可在田间撒鼠药，根据鼠害发生的程度与频度确定鼠药施用量。

鸟害是蓝莓生产的一个大问题。蓝莓成熟时果实甜美，呈蓝紫色，是许多鸟类偏爱的食物(图 9-16)。很多鸟类特别是麻雀喜欢啄食蓝莓果实，露地和温室蓝莓常受鸟的侵袭，造成蓝莓产量降低，果品质量下降。大的鸟类常吞食蓝莓果实，小的鸟类则将蓝莓果实啄破后啄食，有的鸟还将大量蓝莓果实啄落在地，落地的果实鸟并不食用，而是继续啄落果实，很多未成熟的果实也被大量啄落。因此，鸟类对蓝莓为害的程度较大，且以山林附近的小果园受害最重。据调查，鸟害可减产 10%~15%。简易的防治方法是在田间树立稻草人。防止鸟类为害果实的最有效的方法是张挂防鸟网，但成本较高。也有用稻草人、电驱鸟器、鞭炮等驱赶鸟类的，但效果不太理想。用录音机播放鸟类遇到危险时发出的声音比较有效，但效果不持久，而且预防的面积有限。

五、蓝莓缺素症都有哪些？

1. 蓝莓缺铁失绿症及防治对策

缺铁失绿是蓝莓常发生的一种营养失调症。其主要症状是叶脉间失绿。开始时出现的症状是叶脉间失绿，但叶脉保持绿色，症状严重时叶脉失绿，其中新梢顶部叶片表现症状早且严重(图 9-17)。

引起缺铁失绿的主要原因有土壤有机质含量不足、pH 过高、Ca^{2+} 含量过高

图 9-16　蓝莓鸟害

图 9-17　蓝莓缺铁失绿

等。缺铁失绿矫治的最有效方法是施用酸性肥料硫酸铵。若结合土壤改良同时掺入草炭效果更好。叶片喷施硫酸亚铁，只能暂时使叶片恢复绿色，而且硫酸亚铁在叶片中很难扩散，施用后只出现斑状恢复。叶面喷施螯合铁效果较好，30 d内叶片转绿，且第二年仍然有效。对缺铁植株可在夏季或花后叶面喷施螯合铁6.7 kg/hm^2；如仍持续缺铁，可土施螯合铁 28 kg/hm^2。

2. 蓝莓缺镁症及防治对策

蓝莓缺镁的症状是果实成熟期叶缘和叶脉间失绿，主要出现在生长迅速的新梢和老叶上，以后失绿部位变黄色、橘黄色，最后呈红色。缺镁失绿症可用氧化镁来矫治，施用量为 22.4 kg/hm^2。

3. 蓝莓缺硼症及防治对策

蓝莓缺硼症状是芽非正常开绽，萌发数周后顶芽枯萎，变为暗红色，最后顶端枯死。引起缺硼症的主要原因是土壤水分不足。可以通过叶面喷硼来矫治。可在晚夏或翌年初花期在叶面喷施 11.7 kg/hm^2 硼酸；如持续缺硼，可在土表施硼酸 5.6 kg/hm^2。

参 考 文 献

［1］李亚东．越橘栽培与加工利用 [M]. 长春：吉林科学技术出版社，2001.

［2］Paul Eck，Blurberry Science，Rurgers Uneversity press，New Brunswick and London，1988.

［3］李亚东，刘海广，唐雪东．蓝莓栽培图解手册 [M]. 北京：中国农业出版社，2014.

［4］於虹．蓝浆果栽培与采后处理技术 [M]. 北京：金盾出版社，2003.

［5］张含生．寒地蓝莓栽培实用技术 [M]. 北京：化学工业出版社，2015.

［6］马骏，蒋锦标．果树生产技术（北方本）[M]. 北京：中国农业出版社，2006.

［7］丁武．食品工艺学综合实验 [M]. 北京：中国林业出版社，2012.

［8］傅俊范，严雪瑞，李亚东．小浆果病虫害防治原色图谱 [M]. 北京：中国农业出版社，2010.

［9］王兴东，魏永祥，刘成，等．单氰胺在日光温室蓝莓应用试验研究 [J]. 中国果树，2013（5）：25-27.

［10］王兴东，魏永祥，孙斌，等．辽南温室蓝莓丰产高效栽培技术 [J]. 北方果树，2015（6）：28-30.

［11］谭钺，吕勐，崔海金，等．蓝莓设施栽培管理技术要点 [J]. 落叶果树，2014，46（2）：51-52.

［12］陈宏毅，等．蓝莓温室大棚栽培技术 [J]. 林业实用技术，2009，5：43-45.

［13］杨玉春，等．“斯巴坦”蓝莓温室高效栽培 [J]. 新农业，2009，2：12-13.

［14］邵福君．北高灌蓝莓温室栽培管理 [J]. 特种经济动植物，2010，1：49-50.

［15］姜惠铁，等．越橘品种公爵促成栽培技术 [J]. 山东农业科学，2011，1：108-110.

［16］于强波，等．日光温室蓝莓定植技术 [J]. 北方园艺，2010，3：50-51.

［17］蓝莓主要病虫害及其防治简介．第 9 卷第 15 期南方农业 2015 年 5 月 李佳林．

［18］乌凤章,王贺新,陈英敏,等 . 我国蓝莓生理生态研究进展 [J]. 北方园艺,2006(3):48-49.

［19］毕万新,于庆,南海龙,等 . 蓝莓土肥水管理及病虫害防治 [J]. 中国园艺文摘 . 2014(11):189-191.

［20］关丽霞,韩德伟 . 蓝莓组培苗瓶内浅层液体生根技术 [J]. 上海农业科技,2011,3:21.

［21］陈子顺,徐桂玲 . 如何提高蓝莓的成活率 [N]. 北大荒日报,2011 年 5 月 24 日第 2 版 .

［22］孙钦超,刘庆忠 . 北高丛蓝莓的适宜树形及整形修剪技术 [J]. 落叶果树,2011,2:45.

［23］苏宝玲,等 . 越橘病害概述 [J]. 北方园艺,2010,6:218-220.

［24］柳丽婷,等 . 美国越橘虫害的发生与防治 [J]. 北方园艺,2011(5):190-191.

［25］董克锋,秦飞鸿 . 黔东南蓝莓锈病的田间识别及药剂防控 [J]. 果农之友,2020(1):18.

［26］李亚东,裴嘉博,孙海悦 . 全球蓝莓产业发展现状及展望 [J]. 吉林农业大学学报,2018,40(4):421-432.

［27］黄国辉 . 蓝莓园生产与经营致富一本通 [M]. 北京:中国农业出版社,2018.

［28］代志国,杜汉军,年宏伟,等 . 蓝莓栽培技术——百例问答 [M]. 哈尔滨:东北林业大学出版社,2011.

［29］於虹 . 蓝莓高产栽培整形与修剪图解 [M]. 北京:化学工业出版社,2017.

［30］于强波 . 设施蓝莓优质丰产栽培技术 [M]. 北京:化学工业出版社,2017.